有机蔬菜标准化高产栽培

马超 编著

U0312793

中国建材工业出版社

图书在版编目（CIP）数据

有机蔬菜标准化高产栽培／马超编著. —北京：
中国建材工业出版社，2016.12（2022.1重印）
ISBN 978-7-5160-1574-2

Ⅰ.①有… Ⅱ.①马… Ⅲ.①蔬菜园艺－无污染技术
Ⅳ.①S63

中国版本图书馆CIP数据核字（2016）第167671号

内 容 提 要

在国家有机食品标准的大框架下，结合有机农业专业合作社从事有机蔬菜生产的实践，本书系统介绍了有机蔬菜生产概述、有机农业创新模式、有机蔬菜产品的认证、温室拱棚设计建造、有机大白菜栽培技术、有机番茄栽培技术、有机芹菜栽培技术、有机菠菜栽培技术、有机黄瓜栽培技术、有机辣椒栽培技术、有机甘蓝栽培技术、有机茄子栽培技术、有机萝卜栽培技术、有机大葱栽培技术、有机洋葱栽培技术、有机韭菜栽培技术。

本书可作为高等农林院校的农学、园艺等专业的教科书或教学参考书，也可作为农业实用技术培训教材，还可供农业科技人员及菜农阅读参考。

出版发行：中国建材工业出版社
地 址：北京市海淀区三里河路1号
邮 编：100044
经 销：全国各地新华书店
印 刷：大厂回族自治县益利印刷有限公司
开 本：710×1000 1/16
印 张：14
字 数：240千字
版 次：2016年12月第1版
印 次：2022年1月第2次印刷
定 价：26.80元

本社网址：www.jccbs.com 微信公众号：zgjcgycbs

前　言

　　有机蔬菜的种植是一种环保的有益于人体健康的种植方式，是一种与自然相和谐的，集生物学、生态学、环境知识等一系列农业科学为一体的现代农业生产方式。

　　有机蔬菜是指在蔬菜生产过程中严格按照有机生产规程，不使用任何化学合成的农药、肥料、除草剂和生长调节剂等物质，以及不使用基因工程生物及其产物，而是遵循自然规律和生态学原理，采取一系列可持续发展的农业技术，协调种植平衡，维持农业生态系统持续稳定，且经过有机食品认证机构鉴定认证，并颁发有机食品证书的蔬菜产品。

　　随着现代人对食品安全的要求越来越高，无污染、无化肥农药残留的有机蔬菜受到更多市民喜爱。有机食品被誉为"朝阳产业"，具有广阔的市场，也具有较好的综合效益。联合国粮食和农业组织发表的一份报告分析表明，在过去的10年间，在一些国家的市场上，有机农产品的销售额年递增率超过20%。这与一些常规食品市场的停滞不前形成了鲜明的对比。

　　本书系统阐述了主要有机蔬菜的生产过程、创新模式。全书内容充实，突出实用性和针对性，科学实用、技术规范、通俗易懂，具有较强的指导性和可操作性，

　　本书在编写过程中得到了国内相关专家的大力支持和帮助，并参引了许多专家、学者和同行们的成果和经验，在此一并表示感谢。

　　由于编者水平有限，书中难免有错误和不当之处，恳请广大读者批评指正。

编　者
2016年8月

CONTENTS

目 录

第一章　有机蔬菜生产概述

第一节　发展有机蔬菜的意义

随着经济社会的发展和人民生活水平的提高，人们对食品安全问题普遍关注。蔬菜作为鲜活农产品，其新鲜程度、色泽、形状等外观品质固然重要，但更应具备营养、安全等内在品质。我国蔬菜按食用安全性递增分为3类：无公害蔬菜、绿色蔬菜、有机蔬菜。无公害蔬菜是清洁、鲜嫩，有毒及有害物质含量低于人体安全食用标准的蔬菜。绿色蔬菜是指经专门机构认证，许可使用绿色食品标志的无污染、安全、优质、营养类的蔬菜。按照我国现行的蔬菜质量安全认证体系标准，绿色蔬菜分为A级和AA级，AA级相当于有机蔬菜。有机蔬菜是在蔬菜生产过程中不使用化学合成的农药、肥料、除草剂和生长调节剂等物质，不使用基因工程生物及其产物，而是遵循自然规律和生态学原理，采取一系列可持续发展的农业技术，协调种植平衡，维持农业生态系统持续稳定，且经过有机认证机构鉴定认可，并颁发有机证书的蔬菜产品。有机蔬菜生产是建立在现代生物学、生态学基础上，应用现代先进的管理方法和科学的栽培技术生产蔬菜的一种新模式。有机蔬菜栽培大棚见图1-1。

图1-1　有机蔬菜栽培大棚

　　有机蔬菜在整个生产过程中都必须按照有机农业的生产方式进行，也就是在整个生产过程中必须严格遵循有机食品的生产技术标准，即生产过程中完全不使用农药、化肥、生长调节剂等化学物质，不使用转基因工程技术，同时还必须经过独立的有机食品认证机构全过程的质量控制和审查。所以有机蔬菜的生产必须按照有机食品的生产环境质量要求和生产技术规范生产，以保证它的无污染、富营养和高质量的特点。

　　目前，我国的农业生态环境亟须整治，化肥、农药的大量使用，造成了对环境的污染，破坏了生态系统的平衡，将导致能源危机、生物多样性减少等一系列生态问题。有机农业生产方式减少了化肥、农药的施用量，采取无污染措施，达到真正高效、环保，做到可持续发展。同时，安全、放心的蔬菜越来越成为人们的追求，而绿色、有机蔬菜无污染、高品质、营养丰富为绿色、有机食品加工提供了可靠的原料保证，从而提高了人民的生活质量。有机生产方式减少了化肥、农药的施用量，使农户减少了对蔬菜生产的现金投入，同时绿色、有机蔬菜的价格比一般蔬菜高若干倍，农户可以从中获得较高的利润。加之蔬菜生长周期短，农户增收见效快，易扶持，利于推广，可实现增收与环境保护的双赢。传统农业技术和现代生物科技相结合，优化了产业结构，利于推进社会主义新农村建设。有机蔬菜无土栽培见图1-2。

图1-2　有机蔬菜无土栽培

第二节　有机蔬菜生产和消费现状

一、国外

1. 美国

（1）美国有机农业法规与相关政策

美国是全球有机蔬菜生产面积最大的国家，也是全球最大的有机农产品销售市场之一。1990年制定的《有机食品生产条例1990》（Organic Food Production Act of 1990）与2002年正式施行的"国家有机计划"（National Organic Program，NOP）的规章制度，对有机农产品的定义、适用性、有机农作物等进行了详细的界定，列出了有机农产品中允许和禁止使用的物质，规定了有机食品的生产、加工、标签、认定等过程的强制性标准。农业部组建的"国家有机标准委员会"（National Organic Standards Board，NOSB）由有机农产品的生产、消费、贸易、管理、科研等不同领域的15个成员组成，其主要任务是提出生产和加工过程中使用物质的允许和禁止建议，协助制定使用标准，向农业部建议在其他方面实施《有机食品生产条例》。

美国有着非常严格的有机食品认证和监管制度。美国的有机农产品（包括进口产品）必须接受美国农业部认可的认证机构的检查和认证。截至2010年，美国的有机认证机构（Accredited Certifying Agents）共100个，其中国内的认证机构57个，国外的认证机构43个。美国对农产品的认证监管十分重视，并有多个职能部门担此职责，其中主要有农业部、人类与健康服务部、食品和药品管理局、食品安全检验局、动植物健康监测检疫局、环境保护机构、海关等部门。美国这些有机农业法规与相关政策极大地促进了美国有机食品生产和贸易的发展。

（2）美国有机蔬菜生产现状

美国的有机农业发展起步于20世纪40年代，Rodale率先开展有机园艺的研究和实践，成为美国有机农业的创始人。近十几年来，美国有机蔬菜产业迅速发展，有机蔬菜种植面积由1997年的2.1万hm^2增加到2005年的4.0万hm^2。据美国农业部最新统计资料，2008年，美国从事有机生产的农场共14 540个，总面积约410万hm^2，总销售额约31.6亿美元，其中生产蔬菜的农场3 948个，种植面积为13.3万hm^2，占全美蔬菜种植面积的2.8%，销售额6.9亿美元，在有机农产品中排

名第二。美国的有机蔬菜种植大都集中在西部地区，50个州中销售额超过1 000万美元的仅有6个州，其中加利福尼亚是美国种植有机蔬菜最大的州，种植面积和销售额分别占全美国的62.0 %和66.3 %。

美国的蔬菜科研和技术推广机构研发集成了比较成熟的有机蔬菜生产技术体系，为有机蔬菜的生产提供了重要的技术支撑。如康奈尔大学的技术推广机构每年都出版《蔬菜种植及病虫害综合管理指南》（Integrated Crop & Pest Management Guidelines for Commercial Vegetable Production），从轮作作物、覆盖作物（Cover crop）、品种选择、育苗和定植、肥水管理、采收、病虫害和杂草防治等方面对所有蔬菜的有机生产提出了具体的指导意见。美国的有机农场采用各种各样的环保措施进行有机农产品的生产，如使用绿肥或动物粪肥、缓冲带、有机覆盖物、节水灌溉、免耕或浅耕、抗性品种、病虫害生物防治等。其中应用最广泛的是使用绿肥或动物粪肥和缓冲带，在有机农场中使用率分别为65.0 %和57.9 %。

虽然美国的有机农业发展已具有较强的规模和技术优势，但生产成本偏高也是影响其发展的不利因素。据美国农业部统计，2008年全国有机农场的生产成本为24.6亿美元，占销售额的77.7%，平均每个农场高达17.2万美元，较2007年全国所有农场的平均值增加57.3%。劳动力是生产成本中最高的，达5.69亿美元。

（3）美国有机蔬菜市场

由于有机蔬菜生产过程的控制标准很高，生产成本明显增加，市场价格通常远远高于同类常规产品价格。据美国农业部统计，2008年1月，波士顿市菠菜、花椰菜、青花菜和胡萝卜四种有机蔬菜的批发价格分别高于常规蔬菜17%、40 %、137%和165%。但在人们越来越关心食品安全、生态安全的时代，有机蔬菜以其安全、营养、风味优良和环境友好等优点，在美国有着广阔并稳步增长的市场。美国的有机农产品主要在当地销售。据美国农业部统计，2008年全国有机农场中，销售半径在161km（100英里）范围内的占44%，在161～805km（100～500英里）范围内的占30%，超过805km（500英里）或在全国范围内销售的占24%，用于出口的仅占2%左右。

美国有机农产品主要有3种销售方式，即批发市场销售（Wholesale market sales）、直接零售（Direct-retail sales）和消费者直接购买（Consumer direct sales）。据美国农业部统计，2008年，近83%的有机农产品通过批发销售，主要包括加工包装企业、连锁超市和天然食品商店采购商等，10.6%的有机农产品直接销售到常规超市、天然食品商店、饭店和学校、医院等机构，其余的通过田间采摘、农场市场等途径直接销售给消费者。

二、泰国

1. 泰国有机农业的发展模式

泰国的有机农业大多以集体合作社形式和农场形式组织生产，单家独户实施有机农业很难成功。农场主要有五大类：具有经济实力的单个农户农场、公司农场、政府农场项目、农户与公司合作农场和农户与非政府组织合作农场。

（1）单个农户农场。这种农场的农户一般单打独斗，成本较高，一般都由具有经济实力的农户单独实施有机农业，这种情况并不多。

（2）公司农场。没有农户的参与，由公司操作，聘请当地农户作为劳动力，农户与公司属于雇佣关系。

（3）政府农场项目。主要由政府部门组织实施，是自上而下的泰王项目，泰国国王有很多项目涉及有机农业，国王还亲自在国家级保护区内及周边建立了多处皇家有机农场，希望能够利用有机农业的理念来开发和保护这些地区；该类地区的农民都属于生活最为贫困的农民，政府通过对他们的扶持来达到农民增收的目的。

（4）农户与公司合作的农场。就是"公司+农户"的方式，农户提供自己的土地和劳力，公司提供资金和技术，风险共担。

（5）农户与非政府组织合作农场。这种农场在泰国也具有相当重要的作用。由于农户的分散性，单个农户很难参与市场竞争，而通过非政府组织或农民协会的参与，将分散的农户进行有效的联合，对农户进行统一培训，对产品进行统一销售。这种方式的组合既可以有效地保护农民的最大利益，同时也可以保证有机产品的质量。非政府组织AGRECO/PGRC协助村民在他们自己的部分土地上实践有机农业，获得ACT的认证，村民有更多的机会出售产品，现在越来越多的村民愿意转型为有机生产。

2. 泰国的有机农产品市场

泰国有机农产品的销售途径主要有4种：

一是地方社区市场，农户对消费者进行直销。由有机种植农户生产出产品后，定期对固定的消费群体进行送货或到附近集市销售。主要是大米、果蔬、家禽等鲜活产品，基本上不包装，也并非100%通过认证机构认证，因为在泰国只要农户按照有机农产品标准进行农业耕作，所生产出来的产品就可以作为有机农产品进行销售。

二是安全食品专卖店销售。泰国暂时还没有有机农产品专卖店，但大部分大中城市开设了安全食品销售店，销售店的产品包括了绿色食品、无化学投入品产品、安全食品、GAP产品和有机农产品等，该类消费店一般规模比较小，有机种植农户集体把有机农产品运送到这些销售店，共同承担运输费用。

三是进入超市。进入超市的产品种类比较丰富，认证标志也比较多，当然大部分有机农产品的价格要比常规食品高50%～100%。

最后一种是出口市场。一般由专业组织来操作，或者外国公司与有机农户进行合同订单生产，公司支付认证和其他费用，有机农户只按要求负责生产、粗加工和包装，直接用于出口。泰国目前的国际市场有欧美和日本等。

3. 泰国的有机认证体系

泰国的有机农产品认证体系有官方认证、私人认证和国外认证。

官方认证机构。官方认证机构设立在泰国农业与合作部，分别为农产品认证处（DOA）、畜产品认证处（DOL）和水产品认证处（DOF）。但官方认证机构的认证权限仅限于泰国国内企业，产品销售也以泰国本国市场为主。官方也承认一些地方认证，如清迈的北方认证协会的认证，工作范围仅在泰国北部，他们的认证还不被外界和国际市场接受。而ACT是国际公认的有机认证机构。在曼谷出售和出口的产品是由ACT认证的，而清迈的产品认证是北方标准。ACT收取认证费用但北方认证协会基本不收费，如果仅在北方地区出售的产品没必要获得ACT的认证，大大降低了有机农户的负担和市场的门槛。

私人认证机构。以ACT为主，认证范围不仅仅限于国内市场，而是以产品的出口为主，同时也有部分产品在国内市场进行销售。

国外认证机构。国外认证机构在泰国的认证活动也比较频繁，所占有机农产品认证的份额也比较大，达到所有有机农产品认证企业的50%左右。其中包括日本的JONA和OMIC，德国的BCS，法国的ECOCERT，瑞典的KRAV等多家认证机构。这些国外认证机构认证的产品除了销往认证机构所在国市场外，在泰国市场也占据一席之地。

三、中国

中国有机农业始于20世纪90年代初期。直至1999年前，中国有机农业仍然为发展初期，国内基本不存在有机食品市场，有机产品主要是根据日本、欧盟和美国等发达国家的需求生产。2003年，中国经过认证的有机农田约为30万hm^2，排名世界第十三位。此后，我国有机产品认证工作由"国家认证认可监督管理委员会"（CNCA）统一管理，有机农业进入规范化发展阶段。至2006年，中国已有210万hm^2经过认证的有机农田和110万hm^2有机转换农田，仅次于澳大利亚（1 180万hm^2）和阿根廷（390万hm^2），排名世界第三。

蔬菜是中国种植业中最具活力的经济作物之一，在农业发展中具有独特的优势和地位。据FAO统计，中国2008年蔬菜（包括瓜类）收获面积2 408万hm^2，总产量45 773万t，分别占世界的44.5%和50.0%，均居世界第一位。但中国有机蔬菜的出口额仅在世界有机农产品市场中占有极小的比例，主要是速冻菜、保鲜菜和脱水菜，这与中国蔬菜生产大国的地位是不相称的。因此，发展有机蔬菜产业不但可以作为解决我国食品安全、生态安全的现代农业生产模式，而且有利于打破国际上的绿色壁垒，促进中国蔬菜的出口创汇。

有机蔬菜被人们称为"纯而又纯"的食品，从基地到生产，从加工到上市，都有非常严格的要求。有机蔬菜从生产到加工的诸多过程绝对禁止使用农药、化肥、激素、转基因等人工合成物质。在生产和加工有机蔬菜时必须建立严格的生产、质量控制和管理体系。与其他蔬菜相比，有机蔬菜在整个生产、加工和消费过程中更强调环境的安全性，突出人类、自然和社会的持续协调发展。我国有机蔬菜产业的主要生产区域是在山东省。一方面，山东省自然环境适合种植物生产。另一方面，山东省地理位置得天独厚。往北，京津地区，有机蔬菜消费量大；往南，长江三角洲地区有机蔬菜需求量同样庞大。随着市场的发展，有机蔬菜的生产开始出现了各大城市郊区、边缘小规模生产的特点。

2015年，我国有机蔬菜种植面积达到222.68万亩，比2013年增加10.54万亩。主要分布于北京、山东、福建、陕西等地区。截至2015年年末，我国有机蔬菜加工行业企业数量达到271家，比2013年增加88家，我国有机蔬菜加工行业资产规模达到146689.51万元，比2013年同比增长48.08%.

有机食品被誉为21世纪的"朝阳产业"，具有广阔的市场空间。有机蔬菜在种植、加工、贸易过程中强调充分利用一切可再生资源，重视水质、大气、土壤保护。发展有机蔬菜的目的并不纯粹是为了获得经济利益，而是旨在努力建立一种综合的、健康的和环保的可持续发展的农业生产体系，使农业生态实现自我调节，农业资源实现再生利用。随着食品安全和食品健康在国内受到的关注度越来越高，未来，有机蔬菜的消费在我国将呈现爆发式增长，预计2020年之前市场规模的复合增长率将达到20%。到2020年，有机蔬菜在国内的需求将接近一亿吨的规模，这是我们有机蔬菜产业面临的一个良好机会。

中国国内有机消费市场也正在逐步形成，有机产品将进军主流销售渠道，而主要的消费人群是追求高质量和健康食品的中上层人士。一些大型食品公司，如麦当劳、雀巢公司也已进入有机领域。所有这一切都预示着有机农业正在全世界范围内不断发展，有机产品会越来越多地出现在世界各地的商店和餐桌上（图1-3）。

图1-3　有机蔬菜走进超市

第三节　我国有机蔬菜生产存在的问题

1. 产量相对较低

在种植方式上，因为有机蔬菜不能使用农药（不包括获得有机认可的生物农药），一般在种植模式上采取避开虫害发生季节种植的模式。如花椰菜一般是7月20日育苗，8月20日左右种植，这样基本避开了虫害发生季节，但产量会下降。秋菠菜种植避开8月份，在9月10日左右种植，使虫害发生率低，但产量则从每亩产2500kg下降到每亩产1500kg。可以推测，产量相对较低是制约有机蔬菜发展的因素之一。

2. 投入成本高

有机蔬菜的种植成本一般比传统蔬菜高出20%～30%，如果再加上防虫网等基础设施的费用，就比传统蔬菜高出50%左右，因此，投入成本高也是限制小规模农户进行有机蔬菜种植的重要因素。其中雇工成本是最高的，基本接近总成本的40%。有机肥料的投入成本也比较高，但相对而言生物农药投入的成本较低。

3. 竞争激烈导致出口价低

目前，由于获得日本有机JAS认证的中国企业很多，其中有机蔬菜加工企业就达40多家。这就必然导致日本蔬菜进口公司采取声东击西的手段，对有机蔬菜压级压价，从而导致出口到日本去的有机蔬菜只有较少部分是以有机蔬菜的价格出口，而大部分有机蔬菜与传统蔬菜的对日出口价格之间没有较大的区别，一般也仅高出5%左右。

4. 认证费用高

按国内情况每亩地的认证费用大概为1.5万元/年，如果同时通过了国内、国外认证机构的认证，其认证成本相对还要高，泰安肥城A企业每年获得日本有机认证的费用接近20万日元（约合1.4万人民币），如果再加上认证人员的来华费用，大概需要50万日元（约合3.5万人民币）。泰安宁阳B企业每年获得日本有机认证所需费用为18万日元（1.3万人民币）。在认证过程中，如果农场处于不同区域，则还要分别缴纳认证费用，此外除农场需要有机认证之外，加工厂也需进行有机制造认证。可见，单个农户很难承担如此高的有机认证费用，只能依托于加工企业或有机蔬菜协会或村集体。笔者认为，针对当前有机认证费用较高的问题，政府应该加以补贴，促进农户和加工企业参与到有机认证中来，为中国有机农产品出口奠定基础。出口企业进行有机认证时，也应该明确出口市场，选择适合自己企业的认证体系，降低认证成本。

5. 产品质量和市场监管有待进一步加强

近年来，我国农产品质量安全管理制度不断完善，管理手段与技术不断健全，如广州市蔬菜的检测工作，检测点设置和任务具体落实到市场和村镇，并取得一定的成效。但是抽样检测仅对蔬菜产品流通中某一环节起作用，而且各检测

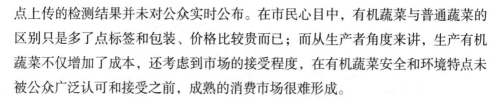

点上传的检测结果并未对公众实时公布。在市民心目中，有机蔬菜与普通蔬菜的区别只是多了点标签和包装、价格比较贵而已；而从生产者角度来讲，生产有机蔬菜不仅增加了成本，还考虑到市场的接受程度，在有机蔬菜安全和环境特点未被公众广泛认可和接受之前，成熟的消费市场很难形成。

6. 国内市场开发初始

国内仅在大城市的超级卖场中有机蔬菜的出售，销售价格远远高于传统蔬菜的销售价格。据实地调查的结果，国内市场没有有效开拓的原因主要有2个方面：一方面是获得国外有机认证的企业中大部分企业有机蔬菜加工能力只够完成国外的订单，没有能力为国内市场进行加工；另一方面是有机蔬菜的出口价格远远高于国内销售价格。根据笔者在北京家乐福超市（中关村店）的实地调查结果，从总体来看，与传统蔬菜销售价格相比，有机蔬菜的价格较高，如有机荷兰豆价格就比传统荷兰豆每千克高出18.6元，但这个价格与出口价格比还是要低很多。从销售情况来看，购买有机蔬菜的人数仍远远少于购买传统蔬菜的人数，所以国内居民的购买力也是一个重要的限制因素。今后开拓和建立国内有机蔬菜的销售渠道尚需时日，而且在国内现有收入水平上，大规模消费有机蔬菜的经济基础的建立、消费习惯的形成以及物流设施、识别标志的完善等还需进一步提高和加强。

第四节　全球有机蔬菜生产和消费概况

一、全球有机食品市场概况

（1）全球有机生产者概况。超过30%的有机农业用地（1080万公顷）和多于80%（约160万）的有机生产者来自发展中国家和新兴市场。根据FiBL和IFOAM的统计，截至2012年，全球有机生产者为190万（2010年为180万），主要分布在亚洲、欧洲、非洲和拉丁美洲，其中，亚洲、非洲和拉丁美洲三个洲有机生产者数量占全球有机生产者总人数的75%（见图1-4）。分国别来看，拥有最多有机生产者的国家分别为印度约60万人，乌干达约19万人和墨西哥约17万人（见图1-5）。

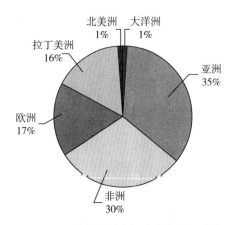

图1-4　2012年全球有机生产者洲际分布

资料来源：FiBL，IFOAM。

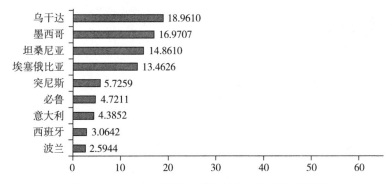

图1-5　2012年有机生产者数量前十的国家或地区

资料来源：FiBL，IFOAM。

（2）全球有机食品消费概况。与有机生产者分布的国家不同，有机食品消费市场主要在欧美等发达国家和地区。尽管全球经济增长放缓，世界有机产品的销售额仍然持续增长，据"有机观察"统计，2012年有机食品（含饮料）的销售额达到了638亿美元，与2002年相比，市场约扩大了172%（见图1-6）。

虽然全球已有164个国家生产有机产品，但有机产品的需求主要集中在北美洲和欧洲，这两个地区的市场需求占到了全球整个有机市场的96%，其他地区尤其是亚洲、拉丁美洲和非洲的有机食品生产主要以出口为导向。有机产品市场最大的国家多年来一直是美国、德国和法国，根据FiBL和IFOAM的统计，2012年三个国家的有机产品市场销售额依次是225.90亿欧元、70.40亿欧元和40.04亿欧元（见图1-7），分别占全球份额的35.2%、11%和6.3%。全球有机食品人均消费前三名的国家依次是瑞士（189欧元）、丹麦（159欧元）和卢森堡（143欧元）

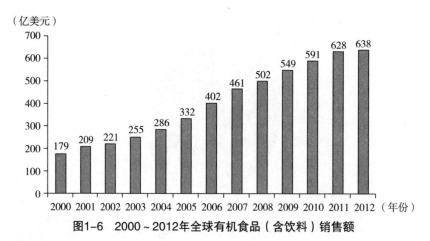

图1-6 2000～2012年全球有机食品（含饮料）销售额

资料来源：FiBL，IFOAM。

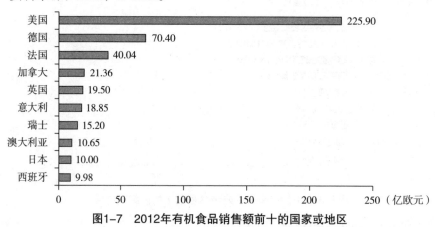

图1-7 2012年有机食品销售额前十的国家或地区

资料来源：FiBL，IFOAM。

（见图1-8）。有机食品国内消费额占国内食品总消费额比例最高的三个国家分别是丹麦、奥地利和瑞士，市场份额分别为7.6％、6.5％和6.3％。值得注意的是，由于我国有机认证主管部门统计的是有机农场和有机加工厂的销售额，FiBL和IFOAM统计的是终端市场销售额，统计口径的不一致使得我国有机产品的销售额在FiBL和IFOAM统计中被缩小，因此中国不在IFOAM目前公布的有机产品销售额排名前十的国家之列，但根据IFOAM中国区总裁周泽江的推算，我国有机食品销售额可以排名全球前四位。

全球有机蔬菜生产和消费概况。根据FiBL和IFOAM统计显示，自2004年开始对有机土地使用和有机作物种植进行统计以来，全球可统计的有机蔬菜的种植面积整体呈上升趋势（见图1-9），九年间增加了两倍多，截至2012年，全球有机蔬菜种植面积为24.5万公顷，但绝对数较低，仅占全球总蔬菜种植面积的0.4%。

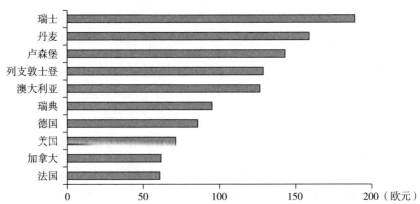

图1-8　2012年有机食品人均消费前十的国家或地区

资料来源：FiBL，IFOAM。

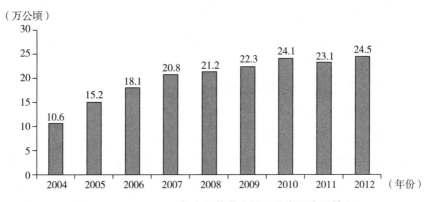

图1-9　2004～2012年有机蔬菜种植面积发展发展情况

资料来源：FiBL，IFOAM。

从国别来看，有机蔬菜种植面积最大的国家有美国、墨西哥和意大利，这些国家有机蔬菜的种植面积均超过2万公顷，其中美国有机蔬菜种植面积达6万公顷，排名第一位。而有机蔬菜种植占国内蔬菜种植总面积比例最大的国家是丹麦、奥地利、瑞士和德国，这些欧洲国家也是全球有机蔬菜消费量最高的国家。

从品种来看，由于数据可获得性，目前只有约一半面积的有机蔬菜有关于面积、品种等具体的种植信息，在已有的统计数据中，约13%的（3.1万公顷）土地面积用于种植豆类（如蚕豆、豌豆等新鲜豆类蔬菜）种植，其次是主要用作沙拉的块根、叶菜和块茎类蔬菜种植。

（4）有机农业促进组织的发展情况。1972年，全球第一个涉及有机农业的非政府组织——国际有机农业运动联盟（IFOAM）在欧洲成立。IFOAM目前拥有分布在全球120多个国家的近800个会员。IFOAM对全球有机农业的贡献体现在三个方面：一是IFOAM制定的基本标准反映了当前有机农业生产和加工技术的发展水平，并且为全球范围内的国家或地区制订本国或地区的有机标准提供了框架和依据；二是IFOAM对有机认证机构进行认可，并且推动成员国之间的等效互认。1990年，IFOAM通过了成立认可项目的决议，旨在依据基本标准对有机认证机构进行认可，保证全球范围内有机认证的统一性和有效性。到2000年，已有来自不同国家的12个认证机构在IFOAM的促成下签订了多边协议，相互承认各自认证的产品；三是通过定期举办技术、贸易大会和博览会，促进全球有机农业的发展。IFOAM成立以来每两年（2002年之后改为每三年）召开全体成员大会，给来自世界各地不同国家或地区的从事有机农业的科研、生产、咨询、认证及贸易的人员提供了交流经验、互相促进的平台。并且IFOAM还举办各种国际有机农业研讨会，如每年在德国举办的有机产品博览会——Bio Fach已成为全球有机食品行业最有影响力的集会。

一些重视有机农业发展的国家也开始通过一些组织机构来推动有机农业的发展，如德国的有机生产商中间商和零售商协会（BNN）、有机食品行业（BOLW）及其成员协会、生态农业基金（SOL）、有机农业研究所（FiBL）等。美国影响力较大的有机农业促进组织为有机贸易协会（OTA）和有机中心（The Organic Center），2013年OTA建立了两个重要的网站，一是全球有机贸易指南网站（Global Organic Trade Guide），提供市场数据和地图工具，以便于使用者实时了解全球有机贸易动态，是全球第一个为有机生产者和经销商出口有机产品的公益性网站；二是"为了有机农业的更好发展联合起来"的网站，鼓励所有人参与到为有机农业献言献策的活动中，并通过填写调查问卷的方式向OTA进行意见反馈。2013年，美国有机中心召集在有机领域内有影响力的24位科学家成立科研咨询委员会，并将研究聚焦在如何防治有机果园的疫病、减少有机种植的重金属含量、氮污染对有机稻米种植的影响以及如何促进有机农场的土壤健康上。

第二章　有机农业创新模式

第一节　化学农业已将人类推向生存危机之境

人类饮食成分与结构的形成是长期演化的结果，人类饮食成分变化是从160年前化肥的问世开始的，特别是在合成氨和尿素的生产和使用后变化加快了。在这几十年中当人类尚未完全搞清其影响时，化肥已经在一定程度上影响了人类饮食的成分，同时也影响到人类自身的居住环境。由于在农业生产上大量使用化肥、农药、抗生素、激素、人畜粪便、生活垃圾、工业污水等，使环境污染、土壤板结、水土流失、自然资源枯竭、生物多样性锐减、自然灾害频繁、农业生产成本上升、经济效益下降、粮食及蔬菜为主的食品安全等受到严重威胁。

经历了40多年的化学农业，化学肥料和农药把全球95%的耕地都变成了"腐败型土壤"，其恶果主要表现在如下三个方面：

一是破坏了土壤菌群平衡。20世纪60年代前的传统、自然有机农业时期的"净菌型土壤"变成了现在的"腐败型土壤"。这种土壤中有益菌群处于弱势，腐败菌、致病菌处于强势，因此农民种地有越种越难种之感，各种农作物几乎全都发生重茬病害，有的大幅度减产或绝收。病害在增多，农民使用农药也在增多。浓度不断加大，而病菌的抗药性也在增强，已步入恶性循环而难以自拔。2008年在越南曾有10万多公顷水稻黄矮病泛滥的惨痛事例。

二是破坏了土壤营养平衡。70%的化学肥料和农药残留在土壤和空气中，一部分渗漏挥发损失，一部分在腐败菌的作用下转化成胱胺、氨、硫化氢、亚硝基等有毒物质，当其浓度越积越多，植物根系吸收后会自我中毒，从而减弱或丧失吸收养分功能，地上部分表现为病态缺肥，长势弱、产量低、产品口感差，肥效也越来越差，被称为"庄稼有了厌肥症"。据农业部资料显示，20世纪六七十年代，1千克化肥可以增产13千克粮食，而现在只能增产0.9千克，全国每年化肥总用量不断增加，而粮食总产却踏步不前。全国大搞土壤化肥配方施肥，以便达到氮、磷、钾及微量元素平衡，但效果甚微。因为从植物长相上看是缺肥，而实质上是植物吸收功能障碍所致。多数人又盲目加大化肥用量，继而造成肥害，走入恶性循环怪圈。

三是破坏了土壤酸碱平衡和团粒结构。不断施用化肥使土壤强酸离子大量积累，致使土壤酸化速度加快，板结。团粒结构、通气、保肥能力均差，根系长期处于缺有益菌、缺氧状态，生长发育期间病害多，产量难以提高。

化学农业生产在种、养上大量使用化肥、农药、添加剂、激素，致使市场上的食品90%都存在着不安全因素，年复一年地食用，已给人类身心健康 及营养平衡造成严重危害，主要表现在如下几个方面：

（1）危害着生育妇女的身体健康。2006年8月中国召开食品安全会议，卫生部门检测发达地区生育妇女奶水，结果80%～87%奶水都含有危害人体的过量毒性残留物质，这对婴儿发育来说，是一个无法估量的潜在危险。

（2）由于种、养中大量使用促长、催肥、促早熟、瘦肉精等各种激素类产品，瓜、果、菜、肉、蛋、奶都有激素残留，下一代成了主要受害者。如少年肥胖、性早熟、暴躁、忧虑等症越来越多，十一二岁女孩来月经成了社会性的问题。

（3）由于食品中含有亚硝基、重金属、胱胺等强致癌物质，现在千奇百怪的癌症、怪病、疑难杂病数量直线上升，使人们在心理上、体能上普遍产生了"恐惧症"。

（4）高血压、心血管病人群已经由过去的老年人，延伸到中年和青少年人群。

一些科学家急切呼吁，化学农业是破坏环境的万恶之源，挽救人类、拯救地球，必须果断限制或终止化学农业，尽快全面实施和步入生物有机农业之路。

第二节　回归生物有机农业潮流势不可挡

发达国家使用化肥、农药时间早，受害早，总结经验教训亦早。继而环保、食品安全意识比发展中国家强。据悉，20世纪末，美国已在20%、日本在22.5%

的耕地上彻底实践生物有机农业，拒绝施用化肥农药。"卫生田（不施任何肥料等物质）+种苗+换地+田间管理=低产有机农作物食品。土壤越种越薄，产量一年比一年低，几年后搁置休闲，重新选一块地生产。"（见中国农科院院士刘立新著《科学施肥新思维与实践》，2008年5月由中国农业科学技术出版社出版）

发达国家高层消费人群庞大，为确保供应没使用过化肥、农药的食品，这些国家立法制定了有机食品和绿色食品标准，共分三个等级：最高等级为四A级有机食品，中间为以A级有机绿色食品，低级为　A级绿色食品，A级以下的为非安全食品，各等级之间价格差距大。如有机苹果每个（250克）售价10~17元人民币，而用过农药的苹果每千克1.2元，换算成250克，为0.3元，价差30~50倍。又如2006年山东一家公司种植200公顷有机西兰花出口日本，每千克7元，而用过化肥、农药的每千克1.5元，价格差5倍，但还被拒收。有机茶和普通茶叶，价格也相差数10倍。尽管有机食品价格如此高，国际市场的需求量每年仍以50亿美元需求的速度增长。随着广大消费者食品安全意识的提高，有机食品和有机农业的市场前景广阔。

食品进口国为了保护本国人民身体健康，把食品安全底线标准由2006年的数字标准提高了十几倍，筑起了绿色壁垒。如西欧从中国进口白芦笋罐头，原农药残留0.1%就算合格，现在提高到0.01%，提高了10倍。当年中国出口商损失惨重，退货一宗高达800~1000吨。为此各级政府紧急采取措施，强制性禁用化肥、农药。

日本从中国进口鲜菜及农产品，占日总进口量的60%以上。确定的禁用化肥和农药增加到了600余种，目前，只准用生物农药。但中国人口众多，不能照搬欧美模式；中国有几千年农耕文化传承，我们完全可以走出一条全新的中国式有机农业之路——生物整合创新高产栽培模式。

第三节　科学依据

一、无机营养理论的错误使农业陷入恶性循环

现代的土壤肥料营养理论中，一个致命的错误是认为有机质对植物吸收营养的直接关系是断裂无效的，必须矿化、气化、无机化及化学化后才能被植物

吸收。

实质上，现在所有的有机肥和95%的土壤都是腐败菌、致病菌占优势，它们在分解有机物时，一是温度高、能量损失大；二是产生甲烷、硫化氢、氨、硫醇、甲硫醇等臭味物质污染空气，毒害植物；三是大部分有机能量变成二氧化碳和氮气回归到空气中。以上3种损失占有机物能量的76%～80%，只有4%左右矿化的氮、磷、钾被植物利用。

在化学农业理论指导下，要求农民在使用有机肥前，一定要沤熟后才能使用。现在的有机肥都是腐败菌占绝对优势，臭味很大，经过几个月的沤制，人为地释放了肥效及有机能量。蛋白质变成臭味和分子氮气体排放到空气中；纤维素、淀粉、木质素、脂肪等碳水化合物变成硫化氢、二氧化碳、甲烷气体也放掉了。所以农民有一句谚语"肥放一年成土"。日本琉球大学比嘉照夫教授测试证实，腐败菌占优势的情况下，有机物能量是"缩小型循环"。100千克有机物在沤制过程和土壤存留中，只能被利用20%左右，80%放空失掉了。这种现象迷惑了化学农业试验者，使他们武断地下结论，认为植物不能直接吸收有机营养，糊涂地走上了无机营养理论指导下的化学农业之路。

二、有机农业必须由有机营养理论来指导，才能更好地发展生产

早在10年前，法国科学家克万（keivan）、日本komakl及日本琉球大学比嘉照夫教授提出了植物可以吸收溶于水的有机营养物质的论述。他们确定的基本概念是："有益微生物复合菌将有机物分解成有效的可溶性物质，如氨基酸、糖、乙醇和类似的有机化合物，这些可溶性的物质，可以直接被根系吸收。"十多年过去了，无机营养理论及化学农业坚持者仍对这种理论持冷漠怀疑态度，这是历史性的巨大遗憾。只要我们农业科技工作者稍微注意一下农民生产实践就会发现，我们身边的不少农民使用生物有机营养。干旱地区农民给小麦种子上拌植物油，可以促进根系旺盛生长，达到抗旱目的；给西瓜施植物油渣，西瓜不但高产，而且更甜；给小麦喷醋，可以预防干热风，提高千粒克重；还有现在大量销售的氨基酸叶面肥；叶面喷酸奶，让乳酸菌转换营养；叶面喷微乐士生物菌液加糖，使固氮菌让叶变绿，这些都是可溶性有机营养，植物不能直接吸收有机营养的观点，是否正确呢？

再来看有机营养理论战略地位的重要性。瓜、果、蔬菜作物生物学种植农产

品，果、根、茎、叶、枝混合物化验结果是：其中碳占45%、氧45%、氢6%、氮1.5%、磷0.5%，钾仅占2%。综合起合碳、氢、氧占96%，氮、磷、钾占4%左右。小麦、玉米的氮、磷、钾含量稍微高一点占5.5%。水稻最高，氮、磷、钾也仅占7%，各种作物平均氮、磷、钾按5%计算，碳、氧、氢占95%。几十年来，无机营养理论只研究4%～5%的三元素供给，而忽略了95%～96%的三元素问题。可谓抓了"芝麻"丢了"西瓜"，这不是认识上的巨大的历史性失误吗？如何才能做到碳、氧、氢、氮、磷、钾六大元素的平衡供给？只有施用生物有机肥才能做到。因为六大元素就在有机物中，如植物秸秆、残枝落叶和动物残体，都是植物的有机营养源。不仅能满足90%的碳、氧、氢需要，同时也提供了4%氮、磷、钾的要求，所以有机肥通过生物分解，才是自然造化给植物生长最完美的养料。

三、有益菌对土壤肥力累积作用巨大

1. 有益菌把土壤变成了门类齐全的营养库

有机肥沤制和田间土壤，只要足量施用有益生物菌，使有益菌（发酵分解菌、再生合成菌）占绝对优势，它们在分解有机物时就能达到很好的效果：一是不产生高温导致养分损失；二是不释放有毒气体物质；三是通过分解作用，使土壤中的营养物质更适合作物吸收，再加上有益菌分泌很多种促进植物生长的生理活性物质，如维生素、激素等，把土壤变成了植物门类齐全的营养供应库。

2. 减少植物能量消耗

使一些能溶于水的有机物，被植物根系直接吸收到体内，直接组装在纤维素、木质素、蛋白质、淀粉、脂肪等大分子结构上，不用消耗能量来合成这些小分子物质。而叶绿素合成的产物也可全部参与生长发育的积累中去。这种减少能量消耗、两条渠道积累的机制，就是生物有机肥具有惊人增产效果的理论基础。

3. 肥力累积效应高，地越种越肥

由于有益菌占优势的生物有机肥，分解过程中不产生毒性有害物质，不需要提前几个月沤制，减少了沤制过程中的热量和有害气体挥发造成的能量损失，也不会把有机物变回到二氧化碳、氮气、水无机元点上，而是半路上就提前进入下一轮能量循环，损耗大大减少，节约了合成小分子的能量消耗，从而建立起

一个"扩大型"有机能量循环体系。如果土壤真正变成"发酵合成型",有机物能量循环利用就会由腐败型20%～24%的缩小型,变成150%～200%的"扩大型"。就是上一轮生物学产量——有机物100千克施入土壤,下一轮循环就能产出150～200千克有机物。有了这个有机营养理论做指导,我们才能理解为什么原始森林历经几百年、几千年的发展,而土壤中有机质仍然高出耕地几倍甚至十几倍,氮、磷、钾、微量元素都不极缺。因为每一轮循环,都是积累大于消耗,这就是有机农业万古长青的奥秘。

第四节　中国式有机农业生物整合创新高产栽培模式概述

我国"农业八字宪法"(即土、肥、水、种、密、保、管、工)于20世纪后半叶在农业生产发展上起到了重大指导作用,特别是化学肥料、农药的生产和应用,对解决我国人民温饱问题起到了主导作用。但同时也束缚了广大干部、农民对现代、生物农业和有机农业的认识和发展。

中国式有机农业生物整合创新高产栽培模式,一是将中国"农业八字宪法"提升为"作物十二平衡管理技术",即"土、肥、水、种、密、保、管、工"改为土、肥、水、种、密、气、温、光、菌、环境设施、地上与地下、营养生长与生殖生长等十二平衡;二是将作物生长的三大元素氮、磷、钾(只占作物体2.7%),调整为碳、氢、氧占作物体95%左右;三是将作物生长主要靠太阳的光合理论调整为靠生物有益菌的有机营养理论,从而创新集成了五大要素,即碳素有机肥(秸秆、禽畜粪等)+微乐士有益生物菌+天然矿物钾+植物诱导剂(有机农产品生产准用认证物资)+植物修复素,投入比化学农业技术成本降低30%～50%,产量提高0.5至3倍,产品符合国际有机食品标准要求。此技术建议于2009年2月以信函方式呈报国务院主要领导,2009年4月24日国务院派中国肥业调查组到山西省新绛县调查,2009年6月2日国务院办公厅以45号文件正式出台了《促进生物产业加快发展的若干政策》,拉开了生物技术农业发展的序幕。2010年中共中央在"十二五"规划中提出,"要培养2000万生物技术骨干人才队伍"，将生物技术应用推向实质性发展阶段。

目前国内外行业专家均认为，生产有机农作物食品不用化肥农药产量上不去；用上化肥农药又不符合原生态有机食品生产要求，正处于无奈时期。 而我们总结的生物整合创新高产栽培模式，不用化肥和化学农药，但必须用碳素有机肥来保障作物生长的主要营养元素供应；微乐士生物菌液提高自然界营养的利用率；用天然钾壮秆膨果提高产量；用植物诱导剂增根控秧防治病虫害；用植物修复素愈合伤口，增加果实甜度。选择适宜当地消费的品种，增加市场份额，提高种植收益。本技术属国际先进水平，目前无同类技术。

近8年来，山西省新绛县以马新立组织的生物有机农业团队在全国各地所有省市（自治区）累计推广面积超亿亩，各地应用反馈意见证明，在各种作物上应用产量均可提高50%~200%，田间几乎不考虑病虫害防治，产品味醇色艳。现将具体做法进行简要概述。

（1）使用生物肥直接取代化肥。目前所有有机食品生产基地，基本都是走这条路。有机食品基地认证标准明确规定，土地3年前没使用过化肥、化学农药，通过18个月左右的转换期，让有益微生物以碳、氢、氧有机肥为载体营养，繁殖后代扩大菌群，缓慢地把化肥、农药残留降解。通过化验土壤、水质、空气全面达标后，才能正式成为有机食品生产基地。2008~2012年，山西省新绛县在供港基地，当季当茬用生物菌生产蔬菜产品，经国内外化验、认证指标全部合格，并签订国际产销合同。

（2）用生物肥处理农家肥。把牛、猪、鸡粪，秸秆，杂草等有机物按5%~10%的生物肥用量，分层均匀撒在肥堆上，翻倒3遍，让有机肥与生物肥混合均匀，堆成60~80厘米高的方形料堆，如果水分大可在堆上打数个40~60厘米深孔，以便通气。水分要求是手握成团掉下即散为宜，然后盖塑料膜，发酵5~7天，温度超过45℃，去掉塑料膜或翻堆降温。这样沤制后，有益菌杀死腐败菌占领生态位，有机肥无臭味，肥效大大提高。

应用生物技术，碳素有机肥可就地收集沤制就地应用于生产，地方农作物产量可成倍提高，农业收入可翻番，食品实现优质供应，可谓一箭双雕。

（3）用菌液冲入田间。提前2~3天，将农家粪肥施入田间与土混合，冲入2~5千克生物菌液，直接栽秧，发酵，消臭味，肥效高。农家肥经过生物肥和菌发酵处理，第一有益菌打败腐败菌占领了生态位；第二启动了有机营养机制和植物次生代谢功能，肥效提高；第三把农家肥变成生物肥，有益菌的数量扩大了若干倍，这样就克服了单纯使用普通农家肥造成的减产损失。

（4）用生物肥与化肥混合施用。在农家肥不足的地方，为了避免减产，也不让化肥残留毒素，可以把生物肥与化肥混合施用，化肥用量是原使用量的20%～30%，两样混合均匀底施。这样化肥中的氮素在有益菌的作用下，绝大部分转化为有机氮，减少化肥70%。也就是说生物肥加化肥的增产效果，不是1+1=2，而是1+1>2。这种现象称为肥力增效效应。吉林农校在大豆上试验，每亩施1000千克微乐士生物菌液有机肥、美国二铵7.9千克；对照田每亩常规有机肥1000千克、美国二铵7.9千克；对照田每亩施常规有机堆肥1000千克、美国二铵10千克、硝酸铵5千克做追肥，投资比试验田多13.5%，试验田比对照田高产20.5%，效益高28%。张全2006年曾在越南农业部水稻田上试验，生物肥60%，化肥40%，长势好，增产15%以上。这充分说明，生物肥和化肥混合施用后，有机营养机制启动，使两者产生了肥力增效作用，产量超过了纯用化肥的增产作用。而普通有机肥和化肥混用，由于有机肥中仍然是腐败菌占优势，化肥很快变为亚硝基（亚硝酸铵）、胱胺、硫化氢等有毒物质，使植物根系中毒，吸收能力降低。还有相当一部分变为氨或分子氮气回归空气损失掉了。虽然化肥多、投资大，但没有转化为产量和效益。

（5）应用复合菌剂。各种作物种子，用500倍液的微乐士有益生物菌液浸种24～48小时；花生、大豆不能浸种，可用500倍液喷湿种子，之后即可播种。

小麦三叶期，拔节、孕穗、抽穗各期，蔬菜苗期、定植期、果实形成期，500倍的微乐士有益生物菌液喷1～4次，或随水浇施1～2次。

通过近十年的生产实践检验，全程叶面喷施，不仅可以增产8%～18%，而且对很多苗期病害有明显的防治效果。

（6）生物肥连年等量使用，肥力累积效应强，后劲足，比用化肥增产。中国农业大学在小麦上进行了3年连续试验，每年每公顷施生物肥7.5吨，化肥是碳酸氢铵0.75吨、尿素0.3吨、过磷酸钙0.75吨，3年等量使用。第1年生物肥比化肥平产；第3年生物肥比化肥增产24.3%。如果把生物肥加大1倍，每公顷15吨，第1年比化肥增产18.8%；第2年比化肥增产24.3%；第3年比化肥增产35.6%，增产后化验土壤肥力相比净施化肥田，有机质高17.1%，全氮高12.3%，全磷高

10.2%，速效氮高14.6%，速效磷高19.9%，速效钾高12.7%。这种用生物肥修复土壤的方法，既能大幅增产，又能使土壤肥力有更多的积累。目前，我国各地按此技术，在山东、河南、河北、新疆、山西、甘肃、辽宁、内蒙古、湖南等省茄子、黄瓜亩产已达2万～2.5万千克，番茄、辣椒达2万千克，生菜达4000千克，小麦达1012千克，玉米达1250千克，比用化学技术增产1～3倍的例子很多，说明生物有机肥对土壤肥力及作物增产有放射性作用。

第五节　有机蔬菜生产的十二平衡

一、有机蔬菜生产四大发现

一是把"农业八字宪法"改为十二平衡；二是把作物生长三大元素氮、磷、钾改为碳、氢、氧；三是把作物高产主靠阳光改为主靠益生菌；四是把琴弦式温室改为鸟翼形生态温室。

二、有机农产品概念

在生产加工过程中不施用任何化肥、化学农药、生长刺激素、饲料添加剂和转基因物品，其所产作物为有机食品。

三、有机蔬菜的生产十二平衡

有机蔬菜的生产十二平衡即：土、肥、水、种、密、光、温、菌、气、地上与地下、营养生长与生殖生长、环境设施平衡。

1. 土壤平衡

常见的土壤有四种类型。

一是腐败菌型土壤。过去注重施化肥和鸡粪的地块，90%都属腐败型土壤，其土中含镰孢霉腐败菌比例占15%以上。土壤养分失衡恶化，物理性差，易产生蛆虫及病虫害。20世纪90年代至现在，特别是在保护地内这类土壤在增多。处理办法是持续冲施微乐土有益生物菌液。

二是净菌型土壤。有机质粪肥施用量很少，土壤富集抗生素类微生物，如青霉素、木霉素、链霉菌等，粉状菌中镰孢霉病菌只有5%左右。土壤中极少发生虫害，作物很少发生病害，土壤团粒结构较好，透气性差，作物生长不活跃，产量上不去。20世纪60年代前后，我国这类土壤较为普遍。改良办法：施秸秆、牛粪生物菌等。

三是发酵菌型土壤。乳酸菌、酵母菌等发酵型微生物占优势的土壤，富含曲霉真菌等有益菌，施入新鲜粪肥与这些菌结合会产生酸香味。镰孢霉病菌抑制在5%以下。土壤疏松，无机矿物养分可溶度高，富含氨基酸、糖类、维生素及活性物质，可促进作物生长。

四是合成菌型土壤。光合细菌、海藻菌以及固氮菌合成型的微生物群占土壤优势位置，再施入海藻、鱼粉、蟹壳等角质产物，与牛粪、秸秆等透气性好，含碳、氢、氧丰富物结合，能增加有益菌即放线菌繁殖数量，占主导地位的有益菌能在土壤中定居，并稳定持续发挥作用，既能防止土壤恶化变异，又能控制作物病虫害，产品优质高产，属于有机食品。

2. 肥料平衡

17种营养物质的作用：碳（主长果实）、氢（活跃根系，增强吸收营养能力）、氧（抑菌抗病）、氮（主长叶片）、磷（增加根系数目与花芽分化）、钾（长果抗病）、镁（增叶色，提高光合强度）、硫（增甜）、钙（增硬度）、硼（果实丰满）、锰（抑菌抗病）、锌（内生生长素）、氯（增纤维抗倒伏）、钼（抗旱，20世纪50年代，新西兰因一年长期干旱，牧草矮小不堪，濒临干枯，牛羊饿死无数，在牧场中奇怪地发现有一条1米宽、翠绿浓郁的绿草带，经考察，原来牧场上方有一钼矿，矿工回来所穿鞋底沾有钼矿粉，所踩之处牧草亭亭玉立，长势顽强）、铜（抑菌杀菌，刺激生长，增皮厚度，叶片增绿，避虫）、硅（避虫）、铁（增加叶色）。

3. 水分平衡

不要把水分只看成是水或H_2O，各地的地下水、河水营养成分不同，有些地方的水中含钙、磷丰富，不需要再施这类肥；有些地方的水中有机质含量丰富，特别是冲积河水；有些水中含有益菌多，不能死搬硬套不考虑水中的营养去施肥。

4. 种子平衡

不要太注重品种的抗病虫害与植物的抗逆性。应着重考虑选择品种的形状、色泽、大小、口味和当地人的消费习惯，就能高产、高效。生态环境决定生命种子的抗逆性和长势，这就是技术物资创新引起的种子观念的变化。

有益菌能改变作物品种种性，能发挥种性原本的增长潜力。微乐土生物菌液由20多种属、80多种微生物组成，能起到解毒消毒的作用，使土壤中的亚硝基、亚硝基胺、硫化氢、胱氨等毒性降解，使作物厌肥性得到解除，增强植物细胞的活性，使有机营养不会浪费，几乎全利用，并能吸收空气中的养分，使营养的循环利用率增加到200%。植物也不必耗能去与毒素对抗而影响生长，并能充分发挥自我基因的生长发育能力，产量就会大幅提高。

5. 稀植平衡

土壤瘠薄以多栽苗求产量，而有机生物菌技术稀栽植方法能高产、优质。如过去黄瓜亩栽4500株左右，现在是2800株；西红柿过去3500～4000株、现在1800～2000株，有些更稀，合理稀植产量比过去合理密植高产1～4倍。

6. 光能平衡

万物生长靠太阳光，阴雨天光合作用弱，作物不生长。现代科学认为此提法不全面。植物沾着植物诱导剂能提高光利用率0.5～4倍，弱光下也能生长。有益菌可将植物营养调整平衡，连阴天根系不会太萎缩，天晴不闪秧，庄稼不会大减产。

7. 温度平衡

大多数作物要求光合作用温度为20～32℃（白天），前半夜营养运转温度为17～18℃，后半夜植物休息温度10℃左右。唯西葫芦白天要求20～25℃，晚上6～8℃，不按此规律管理，要么产量上不去，要么植株徒长。

8. 菌平衡

作物病害由菌引起是肯定的，但是有菌就会染病是不对的。致病菌是腐败菌，修生菌是有益菌，长期施用有益菌液，即消化菌，可化虫卵。凡是植株病害就是土壤和植物营养不平衡，缺素就染病菌，营养平衡利于有益菌发生发展。

9. 气体平衡

二氧化碳是作物生长的气体面包，增产幅度达0.8～1倍。过去在硫酸中投碳酸氢铵产生二氧化碳，投一点，增产一点。现在冲入有益菌去分解碳素物，量大浓度高，还能持续供给作物营养，大气中含二氧化碳量330毫克/千克，有益菌也

能摄取利用。

10. 地上部与地下部平衡

过去，苗期切方移位"囤"苗，定植后控制浇水"蹲"苗，促进根系发达。现在苗期叶面喷一次1200～1500倍液的植物诱导剂，地上不徒长，不易染病；定植后按600～800倍液灌根一次，地下部增加根系0.7～1倍，地上部秧矮促果大。

11. 营养生长与生殖生长平衡

过去追求根深叶茂好庄稼，现在是矮化栽培产量、质量高。用植物修复素叶面喷洒，每粒兑水14～15千克，能打破作物顶端优势，营养往下转移，控制营养生长，促进生殖生长，果实着色一致，口味佳，含糖度提高1.5～2度。

12. 环境设施平衡

2009年11月10日，我国北方普降大雪，厚度达40～50厘米。山西太原1.2万个琴弦式温室被雪压垮，山西阳泉平定80%的山东式超大棚温室被雪压塌，山西介休霜古乡现代农业公司，48栋10米跨度、高4.5米的琴弦式温室内所植各种蔬菜及秧苗全部受冻毁种。

而辽宁台安县、河北固安县、河南内黄县、山西新绛县、湖南常德市（5万余栋）的鸟翼形长后坡矮后墙生态温室（该温室1996年获山西省农技承包技术推广一等奖，山西省标准化温室一等奖，新绛县被列为全国标准化温室示范县）完好无损，秧苗无大损伤。近几年，以上地域利用此温室，按有机碳素肥+微乐士生物菌液+植物诱导剂+钾技术，茄子、黄瓜亩产2.5万千克，番茄辣椒产1.5万～2万千克，效果尤佳。

（1）琴弦式温室压垮原因分析：一是棚面呈折形，积雪不能自然滑落，棚南沿上方承受压力过重导致温室的骨架被压垮；二是折形棚面在"冬至"前后与太阳光大致呈直线射进，直光进入温室量大，但散射光及长波光是产生热能的光源，而直射光主要是短波光照，在棚面很少产生热能，只能是照在室内地面反光后变成长波光才产生热能，棚面温度低易使雪凝结聚集在上方而导致温室被压塌。

（2）超大棚温室压垮和秧苗受冻原因分析：一是跨度过大，即棚面呈抛物线拱形，坡度小，中上部积雪不能自然下滑至地面，多积聚在南沿以上处，温室骨架被积雪压坏；二是棚面与地面空间过高，达4.5～5米，地面温度升到顶部对融雪滑雪影响力不大；三是多数人追求南沿温室内高，人工操作方便致使钢架拱度过大，坡度太小，不利滑雪；四是温室内空间大降温快、升温慢，融雪期间气温低，室内秧苗易受低温冻害毁种。

（3）鸟翼形生态温室抗灾保秧分析：鸟翼形温室的横切面呈鸟的翅膀形，南沿较平缓，雪可自然下滑至地面；半地下式系栽培床低于地平面40厘米，秧苗根茎部温度略高；空间矮，地面温度可作用到棚顶，使雪融化下滑；因后屋深，跨度较小，白天吸热升温快，晚上室内温度较高，生态温室即"冬至"前后，太阳出来后室内白天气温达30℃左右，前半夜18℃，后半夜12℃左右，适宜各种喜温性蔬菜越冬生长的昼夜作息温度规律要求，亦可做延秋茬继早春茬两作蔬菜栽培。温室即抗压，又保秧苗安全生长。如果在夜间下雪，只要在草苫上覆一层膜，雪就可自然滑下。

鸟翼形长后坡矮北墙日光温室立柱与后屋脊梁连接处造型
（本温室2011年获国家知识产权局实用技术专利）

鸟翼形生态温室具有以下特点：①棚面为弧圆形，总长9.6米，上弦用直径3.2厘米粗的厚皮管材，下弦和W形减力筋为11毫米的圆钢材，间距15～24厘米焊接，坚固耐用；②跨度7.2～8.8米，土壤利用效益好，栽培床宽7.25～8.25米；③后屋深1.5～1.6米，坡梁水泥预制长2.15～2.8米，高20厘米，厚12厘米，内设4根冷拉钢丝，冬季室内贮温保温性好；④后墙较矮，高1.6米左右，立柱水泥预制，宽、厚12厘米，高4～4.4米，包括栽培床地坪以下40厘米，棚面仰角大，受光面亦大；⑤土墙厚度。机械挖压部分，下端宽4.5米，上端宽1.5米；人工打墙部分，下端厚1～1.3米，上端厚0.8～1米，坚固，不怕雨雪，冬暖夏凉；⑥顶高3.1～3.4米，空间小，抗压力性强，栽培床上无支柱，室内作物进入光合作用快，便于机械耕作；⑦前沿内切角度为30°～32°，"冬至"前后散射光进入量大，升温快，棚上降雪可自动滑下；⑧方位正南偏西5°～9°，光合作用时间长。可避免正南方位的温室，早上有光温度低，下午适温期西墙挡阳光，均不利于延长作物光合作用时间和营养积累的弊端；⑨长度为74～94米，便于山墙吸热放热保秧、耕作和管理。建议各级领导及广大农民不要片面追求高大宽温室，要讲究安全、高产、优质、高效的设施和低投入、简操作的生产方式。

第六节　有机蔬菜的生产五大要素

一、五大要素

碳素有机肥（牛粪、秸秆或少量鸡粪，每吨35～60元）+微乐士生物菌液（每千克60元）+钾（含量51%每50千克200元）+植物诱导剂（每50克25元）+植物修复素（每粒5～8元）=有机食品技术。

（1）决定作物高产的营养是碳、氢、氧，占植物干物质的95%左右。碳素有机质即干秸秆含碳45%，牛、鸡粪含碳20%～25%，饼肥含碳40%，腐殖酸有机肥含30%～50%的碳。碳素物在自然杂菌的作用下只能利用20%～24%，属营养缩小型利用，而在生物菌的作用下利用率达100%。有机碳素物与微乐士生物菌液结合能给益生物繁殖后代提供大量营养，每6～10分钟繁殖一代，其后代可从空气中吸收二氧化碳（含量330毫克/千克）、氮气（含量79.1%），能从土壤中分解矿物营养，属营养扩大型利用，可提产150%～200%。所以，碳素有机肥必须与微乐士生物菌液结合才能发挥巨大的增产作用。

（2）生物菌可平衡植物体营养，改善作物根际环境，促根系发达。作物根与土壤接触，首先遇到的是根际土壤杂菌，用很大的能量与杂病菌抗争，生长自然差。在生物菌与碳素有机肥的根际环境下，根系生长尤其旺盛，可将种性充分发挥出来。经试验，根可增加1倍，果实可增大1倍，产量亦可增多1倍以上。另外，生物菌能将碳、氢、氧等元素以菌丝体形态通过根系直接进入植物体，是光合作用利用有机物的3倍。

（3）钾是长果壮秆的第二大重要元素。长果壮秆的第一大元素是碳，除青海、新疆部分地区的土壤含钾丰富外，多数地区要追求高产，需补钾。按国际公认，每千克钾可长鲜瓜果94～170千克，长全株可食鲜菜244千克左右，长小麦、玉米干籽粒33千克。缺钾地区补钾，产量就能大幅提高。

以上三要素是解决作物生长的外界因素，即营养环境问题，而以下两个要素则是解决内在因素问题。

（1）植物诱导剂可充分发挥植物生物学特性。可提高光合强度50%～400%，增加根系70%～100%，能激活植物叶片沉睡的细胞，控制茎秆徒长，使植物体抗冻、抗热、抗病虫害，作物不易染病，就能充分发挥作物种性内在免疫及增产作用。该产品系中药制剂，每亩用50克植物诱导剂，用500克开水冲开，放24小时，兑水40～60千克灌根或叶面喷洒。

（2）植物修复素可愈合病虫害伤口，2天见效，并可增加果实甜度1.5～2度，打破了植物顶端优势，使产品漂亮可口。

二、有机农产品基础必需物资——碳素有机肥

影响现代农业高产优质的营养短板是占植物体95%左右的碳、氢、氧（作物生长的三大元素是碳、氢、氧，占植物体干物质的96%；不是氮、磷、钾，它们只占3%以下）。碳、氢、氧有机营养主要存在于植物残体，即秸秆、农产品加工下脚料，如酿酒渣、糖渣、果汁渣、豆饼等和动物粪便，这些东西在自然界是有限的。而风化煤、草碳等就成了作物高产优质碳素营养的重要来源之一。

1. 有机质碳素营养粪肥

每千克碳素可长20～24千克新生植物体，如韭菜、菠菜、芹菜；茴子白30%～40%外叶，心球可产14～16千克；黄瓜、西红柿、茄子、西葫芦可产果实12～16千克，叶蔓占8～12千克。

碳素是什么，是碳水化合物，是碳氢物，是动、植物有机体，如秸秆等。干玉米秸秆中含碳45%，那么，1千克秸秆可生成韭菜、菠菜等叶类菜10.8千克（24×45%），可长茴子白、白菜7.56千克（24×45%×70%，去除了30%的外

叶）可长茄子、黄瓜、西红柿、西葫芦等瓜果7.56千克（24×45%×70%，去除了30%的叶蔓）。碳素可以多施，与生物菌混施不会造成肥害。

饼肥中含碳40%左右，其碳生成新生果实与秸秆差不多，牛粪、鸡粪中含碳均达25%，羊粪中含碳16%。

（1）牛粪。每亩施5000千克牛粪含碳素1250千克，可供产果菜7500千克，再加上2500千克鸡粪中的碳素含量625千克供产果菜3750千克。总碳可供产西葫芦、黄瓜、西红柿、茄子果实1万千克左右；那么，可供产叶类菜2万千克左右。

（2）鸡粪。鸡粪中含碳也是25%左右，含氮1.63%，含磷1.5%，每亩施鸡粪1万千克，可供碳素2500千克，然后这些碳素可产瓜果2500千克×6=15000千克。但是，这会导致每亩氮素达到163千克，超过每亩合理含氮19千克的8倍；磷150千克，超标准要求15千克的10倍，肥害成灾，结果是作物病害重，越种越难种，高质量肥投入反而产量上不去。

（3）秸秆。秸秆中的碳能壮秆、厚叶、膨果。

一是含碳秸秆本身就是一个配比合理的营养复合体，固态碳通过微乐士生物菌液生物分解能转化成气态碳，即二氧化碳，利用率占24%左右，可将空气中的一般浓度300～330毫克/千克提高到800毫克/千克，而满足作物所需的浓度为1200毫升/千克，太阳出来1小时后，室内一般只有80毫克/千克，缺额很大。75%的碳、氧、氢、氮被微乐士生物菌分解直接组装到新生植物和果实上。再是秸秆本身含碳氮比为80：1，一般土壤中含碳氮比为8～10：1，满足作物生长的碳氮比为30～80：1，碳氮比对果实增产的比例是1：1。显然，碳素需求量很大，土壤中又严重缺碳。化肥中碳营养极其少，甚至无碳，为此，作物高产施碳素秸秆肥显得十分重要。二是秸秆中含氧高达45%。氧是促进钾吸收的气体元素，而钾又是膨果壮茎的主要元素。二是秸秆中含氢6%，氢是促进根系发达和钙、硼、铜吸收的元素，这两种气体是壮秧抗病的主要元素。三是按生物动力学而言，果实含水分90%～95%，1千克干物质秸秆可供长鲜果秆10～12千克，植物遗体是招引微生物的载体，微生物具有解磷释钾固氮的作用（空气中含氮高达79.1%），还能携带16种营养并能穿透新生植物的生命物，系平衡土壤营养和植物营养的生命之源。秸秆还能保持土温，透气，降盐碱害，其产生的碳酸还能提高矿物质的溶解度，防止土壤浓度大引起的灼伤根系，抑菌抑虫，提高植物的抗逆性。所以，秸秆加菌液可增产。

其用法为将秸秆切成5～10厘米段，撒施在田间，与耕作层土35厘米左右内充分拌匀，浇水，使秸秆充分吸透水，定植前15天或栽苗后，随浇定植水冲入微乐士生物菌液2千克左右。冲生物菌时不要用消毒自来水，不随之冲化学农药和化肥，天热时在晚上浇，天冷时在20℃以上时浇，有条件的可提前3～5天将微乐士生物菌液2千克拌和6～16千克麦麸和谷壳，定植时将壳带菌冲入田间，效果更好。也可以提前1～2个月，将鸡粪、牛粪、秸秆拌和沤制，施前15天撒入微乐士生物菌液。

（4）应用实例。

①谭秋林用生物有机钾肥种植草莓每亩收入4.5万元　河北省石家庄市栾城县柳林屯乡范台村谭秋林，2008年在温室里种植草莓每亩施鸡粪8m³，用有益生物菌分解，结果期追施50%硫酸钾30千克，产草莓2250千克，每千克售价20元。到2009年3月10日，出现干边症，每次浇水追施生物菌液2千克解症。建议今后施鸡粪、牛粪各4方，产量更高。结果期叶面喷施植物修复素1～2次，着色及甜度更佳。

②邹崇均用生物技术种植田七对照，迟下种45天，增大52%　广西壮族自治区靖西县田七场场长邹崇均，2010年种植田七10公顷，过去每亩3年采80～100千克，用生物有机技术1年就可采80千克左右。2010年6月8日前后，因当时雨频湿大，田七出现大量死秧，而用微乐士生物菌液冲施，田七根从新萌芽恢复生长，到11月份使用生物技术种植田七较对照迟下种45天，增产52%。

③孙京照用生物技术种植冬枣，每亩产枣1000余千克　陕西省澄城县安利乡冬枣园孙京照，2008年将沾化冬枣移栽到日光温室，2009年按牛粪、生物菌、钾等生物技术管理，8月中下旬着色上市，每亩产枣1000余千克，符合有机食品标准要求。

④黄建国用生物技术种植蜜橘增产2076千克　云南省永胜县农业局在期纳大沟村黄建国，在7年龄温州蜜橘田，每亩栽60株，12月23日第1次株施生物肥3千克拌花生壳1.5千克，盖薄土；翌年4月2日第2次株施生物有机肥1.7千克；6月22日施第3次肥，株施微乐士生物菌液600倍液5千克，50%硫酸钾0.8千克，每亩

产蜜橘2613.4千克。同样采用上述措施，在早春，叶面上喷2次1200倍液的植物诱导剂，产量达2780.1千克，比喷清水百果增重14.6%，增产273.3千克，比2007年中国柑橘平均每亩产量706千克增产2074千克，比世界平均每亩产量929千克，提高2倍。产品丰满，达有机食品标准要求，如果再增施有机碳素肥、钾，还有增产空间。

⑤权云生用生物技术栽培葡萄产3000千克　2010年，山西省新绛县北张村权云生，露地葡萄用有机碳素肥+生物菌+钾+植物诱导剂+植物修复素技术，果丰而甜，每亩产3000千克。产品符合国际有机食品要求标准。

⑥翟富爱用生物技术种植香蕉每亩增收3800余元　广西壮族自治区南宁市武鸣县罗镇翟富爱，福建人，2012年在此承包4公顷地种植香蕉，在4月中旬叶子将地面遮阴率达90%左右时，每亩施生物菌肥80千克（合160元），到10月份收获，较对照早上市10天左右，每千克售价高0.4元，每亩栽900株，每串平均重达45千克，较没用生物菌者35千克，增产10千克左右，增产加早熟增收，每亩多收入3800余元，投入增产比1：23.7。

⑦朱云山按生物技术种植菜瓜每亩产7000千克　河北省青县王呈庄朱云山，自2006年按照生物技术种植温室黄瓜、西红柿较传统化学技术产量提高1倍左右，2012年春改种菜瓜，每亩施鸡粪3000千克，每亩产7000千克，仍用植物诱导剂控秧促瓜，生物菌提高有机肥利用率，控制病虫害，较化学技术3500千克提高产量1倍。

⑧德杰按生物技术种植大姜每亩收入达5万余元　山东省昌邑县德杰大姜农民专业合作社，2009年种植大姜600公顷，按碳素肥有机肥+生物菌+钾+植物诱导剂技术，每亩产大姜4800余千克，比用化肥、农药增产1500～2600千克，增收3000～5000元。最高每亩收入达5万余元。

⑨程根生按生物技术种植番茄每亩产1.86万千克　山西省长治市城区跃进巷程根生，2011年夏秋茬番茄，每亩施秸秆2000千克，牛粪、鸡粪各3000千克，微乐士益生菌或生物菌液15千克（分13次用），50%天然矿物硫酸钾100千克，植物诱导剂50克，7月上旬下种，11月20日结果，每亩产番茄1.86万千克，收入3.85万元。较化学技术增产1.2倍。

⑩杨三民按生物技术种植，番茄植株不染病毒病　山西省新绛县站里村杨

三民，2011年秋季，在定植温室秋茬西红柿时，牛粪、鸡粪各3000千克栽苗后叶面喷一次800倍液的植物诱导剂，随水冲施微乐土益生菌1.5千克，植株不染病毒病。选的是便宜种苗（斗牛士品种），每株0.2元，结果450平方米产果6500千克，收入9000余元，合每亩产1万千克，收入1.5万元左右。而邻地解建等农户，没用生物技术，按化肥、有机肥技术，选的是抗体外病毒的价格每株0.6元的贵种苗，结果全部感染病毒病，绝收。

⑪**宋文魁按生物技术露地春番茄产量高、品质好** 福建省莆田市城厢区山白村宋文魁，2010年种植露地春番茄，按牛粪、鸡粪有机肥+生物菌+植物诱导剂技术，每亩产果9338千克，较用化肥、农药的地块增产1倍多，过去易发生病害无法生产。此法管理无病毒、无死秧、产量高、品质好。

⑫**周义萍生物技术种植越冬黄瓜增产1倍多** 江西省萍乡市芦溪县埠鸭圹村周义萍，2009年秋种植温室越冬黄瓜，按牛粪、鸡粪有机肥+生物菌+植物诱导剂+植物修复素技术，每亩产1.4万千克，较对照0.6万千克增产1倍多，如注重施钾产量会更高。

2. 昌鑫生物有机肥对作物有七大作用

（1）胡敏酸对植物生长的刺激作用。腐殖酸中含胡敏酸38%，用氢氧化钠可使胡敏酸生成胡敏酸钠盐和铵盐，施入农田能刺激植物根系发育，增加根系的数目和长度。根多而长，植物就耐旱、耐寒、抗病、生长旺盛。作物又有深根系主长果实，浅根系主长叶蔓的特性，故发达的根系是决定作物丰产的基础。

（2）胡敏酸对磷素的保护作用。磷是植物生长的中量元素之一，是决定根系多少和花芽分化的主要元素。磷素是以磷酸的形式供植物吸收的，目前一般的当季利用率只有15%～20%，大量的磷素被水分稀释后失去酸性，被土壤固定，失去被利用的功效，只有同有机肥或微乐土生物菌液结合，穴施或条施才能持效。腐殖酸肥中的胡敏酸与磷酸结合，不仅能保持有效磷的持效性，并能分解无效磷，提高磷元素的利用率。无机肥料过磷酸钙施入田间极易氧化失去酸性而失效，利用率只有15%左右。腐殖酸有机肥与磷肥结合，利用率提高1～3倍，达30%～45%，每亩施50千克腐殖酸肥拌磷肥，相当于100～120千克过磷酸钙。肥效能均衡供应，使作物根多、蕾多、果实大、籽粒饱满、味道好。

（3）提高氮碳比的增产作用。作物高产所需要的氮碳比例为1∶30，增产幅度为1∶1。近年来，人们不注重碳素有机肥投入，化肥投量过大，氮碳比仅有1∶10左右，严重制约着作物产量。腐殖酸肥中含碳为45%~58%，增施腐殖酸肥，作物增产幅度达15%~58%。2008年，山西省新绛县孝义坊村万青龙，将红薯秧用植物诱导剂800倍液沾根，栽在施有50%的腐殖酸肥的土地上，一株红薯长到51千克。由此证明，碳氮比例拉大到80∶1，产量亦高。

（4）增加植物的吸氧能力。昌鑫生物有机肥是一种生理中性抗硬产品，与一般硬水结合一昼夜不会产生絮凝沉淀，能使土壤保持足氧态。因为根系在土壤19%含氧状态下生长最佳，有利于氧化酸活动，可增强水分营养的运转速度，提高光合强度，增加产量。腐殖酸肥含氧31%~39%。施入田间时可疏松土壤，贮氧吸氧及氧交换能力强。所以，腐殖酸肥又被称为吸肥料和解碱化盐肥料、足氧环境可抑制病害发生、发展。

（5）提高肥效作用。昌鑫生物有机肥生产采用新技术，使多种有效成分共存于同一体系中，多种微量元素含量在10%左右，活性腐殖酸有机质53%左右。大量试验证明，综合微肥的功效比无机物至少高5倍，而叶面喷施比土施利用率更高。腐殖酸肥含络合物10%以上，叶面或根施都是多功能的，能提高叶绿素含量，尤其是难溶微量元素发生螯合反应后，易被植物吸收，提高肥料的利用率，所以，腐殖酸肥还是解磷固氮释钾肥料。

（6）提高植物的抗虫抗病作用。昌鑫生物有机肥中含芳香核、羰基、甲氧基和羟基等有机活性基因，对虫有抑制作用，特别是对地蛆、蚜虫等害虫有避忌作用，并有杀菌、除草作用。腐殖酸肥中的黄腐酸本身有抑制病菌的作用，若与农药混用，将发挥增效缓释能力。对土传菌引起的植物根腐死株，施此肥可杀菌防病，也是生产有机绿色产品和无土栽培的廉价基质。

（7）改善农产品品质的作用。钾素是决定产量和质量的中量元素之一，土壤中钾存在于长石、云母等矿物晶格中，不溶于水，含这类无效钾为10%左右，经风化可转化10%的缓性有效钾，速效钾只占全钾量的1%~2%，经腐殖酸有机肥结合可使全钾以速效钾形态释放出80%~90%，土壤营养全，病害轻。腐殖酸肥中含镁量丰富，镁能促进叶面光合强度，植物必然生长旺，产品含糖度高，口感好。腐殖酸肥对植物的抗旱、抗寒等抗逆作用，对微量元素的增效作用，对病虫害的防治和忌避作用，以及对农作物生育的促进作用，最终表现为改进产品品质和提高产量。生育期注重施该肥，产品可达到出口有机食品标准要求。

（8）建议应用方法。腐殖酸即风化煤产品30%～50%+鸡、牛粪或豆饼各15%～30%，每60～100吨有机碳素肥用微乐士生物菌液1吨处理后做基肥使用。并配合天然矿物钾或50%硫酸钾，按每千克供产叶菜150千克，产果瓜菜80千克，产干籽粒，如水稻、小麦、玉米0.8千克投入（这3个外因条件必须配合）。另外，每亩用植物诱导剂50克，按800倍液拌种或叶面喷洒、灌根，来增强作物沉热、抗冻、冻病性，提高叶片光合强度，控秧蔓防徒长，增根膨果。用植物修复素来打破植物生长顶端优势，营养往下部果实中转移，提高果实含糖度1.5～2度，打破沉睡的叶片细胞，提高产品和品质效果明显。

（9）应用实例。2010年河南省开封市尉氏县寺前刘村刘建民，按牛粪、昌鑫生物有机肥压碱保苗，植物诱导剂控秧促根防冻，有益菌发酵腐殖酸肥，增施钾膨果、植物修复素增甜增色，蔬菜漂亮，应用这套技术，拱棚西红柿增产50%～100%。

2010年山西省新绛县北古交村黄庆丰，温室茄子用碳素肥+生物菌液+钾+植物诱导剂，每亩一茬产茄果2万千克，收入4万元左右。

三、有机农产品生产主导必需物资——微乐士生物菌

食品从数量、质量上保证市场供应，是民生揪眼球和"三农"经济低投入、高产出的注目点。利用整合技术成果发展有机农业已成为当今时代的潮流。一种新的"碳素有机肥（秸秆、畜禽粪、腐殖酸肥等）+微乐士生物菌液+天然矿物硫酸钾+植物诱导剂+植物修复素等技术=农作物产量翻番和有机食品"，2010年山西省新绛县立虎有机蔬菜专业合作社在该县西行庄、南张、南王马、西南董、北杜坞、黄崖村推广应用，西红柿一年两作亩产3万～4万千克。

其中，生物菌液在其中起主导作用，该产品活性益生菌含量高、活跃，其应用好处有：①能改善土壤生态环境，根系免于杂、病菌抗争生长，故顺畅而发育粗壮，栽秧后第二天见效。②能将畜禽粪中的三甲醇、硫醇、甲硫醇、硫化氢、氨气等对作物根叶有害的毒素转化为单糖、多糖、有机酸、乙醇等对作物有益的营养物质。这些物质在蛋白裂解酶的作用下，能把蛋白类转化为陈态、肽态可溶性物，供植物生长利用，产品属有机食品。避免有害毒素伤根伤叶，作物不会染病死秧。③能平衡土壤和植物营养，不易发生植物缺素性病害，栽培管理中

几乎不考虑病害防治。④土壤中或植物体沾上微乐士生物菌液，就能充分打开植物二次代谢功能，将品种原有的特殊风味释放出来，品质返璞归真，而化肥是闭合植物二次代谢功能之物质，故作用产品风味差。⑤能使害虫不能产生脱壳素，用后虫会窒息而死，减少危害，故管理中虫害很少，几乎不大考虑虫害防治。⑥能将土壤有机肥中的碳、氢、氧、氮等营养以菌丝残体的有机营养形态供作物根系直接吸收，是光合作用利用有机质和生长速度的3倍，即有机物在自然杂菌条件下的利用率20%~24%，可提高到100%，产量也就能大幅度增加。⑦能大量吸收空气中的二氧化碳（含量为330毫克/千克）和氮（含量为79.1%），只要有机碳素肥充足，微乐士生物菌液撒在有机肥上，就能以有机肥中的营养为食物，大量繁殖后代（每6~20分钟生产一代），便能从空气中吸收大量作物生长所需营养，由自然杂菌吸收量不足1%提高到3%~6%，也就基本满足了作物生长对氮素的需求，基本不考虑再施化学氮肥。⑧微乐士生物菌液能从土壤和有机肥中分解各种矿物元素，在土壤缺钾时，除补充一定数量的钾外[（按每50%天然矿物硫酸钾100千克，供产鲜瓜果8000千克、供产粮食800千克投入，未将有机肥及土壤中原有的钾考虑进去）]。其他营养元素就不必考虑再补充了。⑨据中国农科院研究员刘立新研究，生物菌分解有机肥可产生黄酮，氢肟酸类、皂苷、酚类、有机酸等是杀杂、病菌物质。分解产生的胡桃酸、香豆素、羟基肟酸能抑草杀草。其产物有葫芦素、卤化萜、生物碱、非蛋白氨基酸、生氰糖苷、环聚肽等物，具有对虫害的抑制和毒死作用。⑩能分解作物上和土壤中的残毒及超标重金属，作物和田间常用生物菌液或用此菌生产的有机肥，产品能达到有机食品标准要求。2008~2010年山西省新绛县用此技术生产的蔬菜，供应深圳与香港、澳门地区及中东国家，在国内外化验全部合格。⑪梅雨时节或多雨区域，作物上用生物菌液，根系遇连阴天不会太萎缩，太阳出来也就不会闪苗、凋谢、死秧，可增强作物的抗冻、抗热、抗逆性，与植物诱导剂（早期用）和植物修复素（中后期可用）结合施用，真、细菌病害、病毒病不会对作物造成大威胁，还可控秧促根，控蔓促果，提高光合强度，促使产品丰满甘甜。⑫田间常冲生物菌液，能改善土壤理化性质，化解病虫害的诱生源，生物复合菌中的淡紫青霉菌能防止作物根癌发生发展（根结线虫）。⑬盐碱地是缺有机质碳素物和生物菌所致，将二者拌和施入作物根下，就能长庄稼，再加入少量矿物钾，3个外因能满足作物高产优质所需的大量营养，加上在苗期用植物诱导剂，中后期用植物修复素增强内因功能，作物就可以实现优质高产了。

理论和实践均证明，农业上应用生物技术成果的时机已经到来，综合说明微乐士生物菌液是有机农产品生产的主导必要物资，能量作用是巨大的，哪里引爆哪里就有收获，系有机农产品准用物资。

四、土壤保健瑰宝——赛众28钾肥

赛众28钾肥是一种集调理土壤生物系统和物质生态营养环境于一身的矿物制剂，已经北京五洲恒通认证公司认定为有机农产品准用物资。

其主要营养成分是：含硅42%，施入田间可起到避虫作用；含天然矿物速效钾8%，起膨果壮秆作用；含镁3%，能提高叶片的光合强度；含钼对作物起抗旱作用；含铜、锰，可提高作物抗病性；含多种微量和稀土元素，可净化土壤和作物根际环境，招引益生菌，从而吸附空气中的养分，且能打开植物次生代谢功能，使作物果实生长速度加快，细胞空隙缩小，产品质地密集，含糖度提高，上架期及保存期延长，能将品种特殊风味素和化感素释放出来，达到有机食品标准要求。

防治各种作物病的具体用法：

（1）作物发生根腐病、巴拿马病。根据植株大小施赛众28肥料若干，病情严重的可加大用量，将肥料均匀撒在田间后深翻，施肥后如果干旱就适量浇水。

（2）作物发生枯萎病。在播种前结合整地每亩施赛众肥料50～75千克，病害较重田块要加大肥量25千克，苗期后在叶面连续喷施赛众28肥液5～8次即可防病。

（3）作物遭受冻害、寒害。发现受害症状，立即用赛众28浸出液喷施在叶面或全株，连续5次以上，可使受害的农作物减轻危害，尽快恢复生长。

（4）作物发生流胶病。在没有发病的幼苗施赛众28肥料可避免病害发生。已发病作物，根据发病程度和苗情一般每亩施20千克左右，若发病重，则适当增施。

（5）作物发生小叶、黄叶病。每亩田间施25千克赛众28肥料，大秧和发病重的增至40千克，同时叶面喷施赛众28肥液，每5天喷1次，连续喷施5次以上。

（6）防治重茬障碍病。瓜、菜类作物根据重茬年限在（播）栽前结合整

地，每亩施赛众28肥料25～50千克，同时用赛众28拌种剂拌种或肥泥蘸种苗移栽。补栽时每个栽植坑用肥少许，撒在挖出的土和坑底搅匀，再用赛众28拌种剂肥泥蘸根栽植。

（7）腐烂病防治。在全园撒施赛众28肥料的基础上，用1份肥料与3份土混合制成的肥泥覆盖病斑，用有色塑膜包扎即可。

（8）农作物遭受除草剂或药害后的解救法。发现受害株后立即用赛众28肥料浸出液喷施受害作物，5天喷1次，连续喷洒5～7次即可，能使作物恢复正常生长。在叶面上喷植物修复素也可解除除草剂药害。

（9）叶面喷洒配制方法。5千克赛众肥料+水+食醋，置于非金属容器里浸泡3天，每天搅动2～3次，取清液再加25千克清水即可喷施。一次投肥可连续浸提5～8次，以后加同量水和醋，最后把肥渣施入田间。浸出液可与酸性物质配合使用。

五、提高有机农作物产量的物质——植物诱导剂

植物诱导剂是由多种有特异功能的植物体整合而成的生物制剂，作物沾上植物诱导剂能使植物抗热、抗病、抗寒、抗虫、抗涝、抗低温弱光，防徒长，作物高产优质等，是有机食品生产准用投入物（2009年4月4日被北京五洲恒通有限公司认证，编号GB/T19630.1—2005）。

据内蒙古万野食品有限公司2007年2月28日化验，叶面喷过植物诱导剂的番茄果实中，含红色素达6.1～7.75毫克/100克，较对照组3.97～4.42毫克/100克，增加了58%～75.3%（红色素系抗癌、增强人体免疫力的活力素）。所以植物诱导剂喷洒在作物叶片上就可增加番茄红色素2～3倍。同时番茄挂果成果多，可减少土壤中的亚硝酸盐含量，只有22～30毫克/千克，比国家标准40毫克/千克含量也降低了许多，同时食品中的亚硝酸盐含量也降低了许多。另据甘肃省兰州市榆中绿农业科技发展公司2000年12月21日化验，黄瓜用过植物诱导剂后，其叶片净光合速率是对照组的3.63～5.31倍。

植物诱导剂被作物接触，光合强度增加50%～491%（国家GPT技术测定），细胞活跃量提高30%左右，半休眠性细胞减少20%～30%，从而使作物超量吸氧，提高氧利用率达1～3倍，这样就可减少氮肥投入，同时再配合施用生物菌吸收空气中的氮和有机肥中的氮，基本可满足80%左右的氮供应，如果每亩有

机肥施量超过10方，鸡、牛粪各5方以上，在生长期每隔一次随浇水冲入微乐士生物菌液1~2千克，就可满足作物对钾以外的各种元素的需求了。

作物使用植物诱导剂后，酪氨酸增加43%，蛋白质增加25%，维生素增加28%以上，就能达到不增加投入、提高作物产量和品质的效果。

光合速率大幅提高与自然变化逆境相关，即作物沾上植物诱导剂液体，幼苗能抗7~8℃低温，炼好的苗能耐6℃低温，免受冻害，特别是花芽和生长点不易受冻。2009年河南、山西出现极端低温-17℃，连阴数日后，温室黄瓜出现冻害，而冻前用过植物诱导剂者则安然无恙。

因光合速率提高，植物体休眠的细胞减少，作物整体活动增强，土壤营养利用率提高，浓度下降，使作物耐碱、耐盐、耐涝、耐旱、耐热、耐冻。光合作物强、氧交换能量大，高氧能抑菌灭菌，使花蕾饱满，成果率提高，果实正、叶秆壮而不肥。

作物产量低，源于病害重，病害重源于缺营养素，营养不平衡源于根系小，根系小源于氢离子运动量小。作物沾上植物诱导剂，氢离子会大量向根系输送，使难以运动的钙、硼、硒等离子活跃起来，使作物处于营养平衡状态，作物不仅抗病虫侵袭性强，且产量高，风味好，还可防止氮多引起的空心果、花面果、弯曲果等。这就是植物诱导剂与相应物质匹配增产优异的原因。

一是因为碳素物是作物生长的三大主要元素，在作物干物质中占45%左右，应注重施碳素有机肥。二是因为微乐士生物菌液与碳素物结合，益生菌有了繁殖后代的营养物，碳素物在益生菌的作用下，可由光合作用利用率的20%~24%提高到100%，76%~80%营养物是通过根系直接吸收利用，所以作物体生长就快，可增加2~3倍。我们要追求果实产量，就要控制茎秆生长，提高叶面的光合强度，植物诱导剂就能派上用场，能控秧促根，控蔓促果，使叶茎与果实由常规下的5：5，改变为3~4：6~7，果实产量也就提高20%~40%。

植物诱导剂1200倍液，在蔬菜幼苗期叶面喷洒，能防治真菌、细菌病害和病毒病，特别是西红柿、西葫芦易染病毒病，早期应用效果较好。作物定植时按800倍液灌根，能增加根系0.7~1倍，矮化植物，营养向果实积累。因根系发达，吸收和平衡营养能力强，一般情况下不沾花就能坐果，且果实丰满漂亮。

生长中后期如植物株徒长，可按600~800倍液叶面喷洒控秧。作物过于矮化，可按2000倍液叶面喷洒解症。因蔬菜种子小，一般不作拌种用，以免影响发

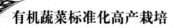

芽率和发芽势。粮食作物每50克原粉沸水冲开后配水至能拌30~50千克种子为准。

具体应用方法：取50克植物诱导剂原粉，放入瓷盆或塑料盆（勿用金属盆），用500克开水冲开，放24~48小时，兑水30~60千克，灌根或叶面喷施。密植作物如芹菜等可每亩放150克原粉用1 500克沸水冲开液随水冲入田间，稀植作物如西瓜每亩可减少用量至原粉20~25克。气温在20℃左右时应用为好。作物叶片蜡质厚如甘蓝、莲藕，可在母液中加少量洗衣粉，提高黏着力，高温干旱天气灌根或叶面喷后1小时浇水或叶面喷一次水，以防植株过于矮化并提高植物诱导剂效果。植物诱导剂不宜与其他化学农药混用，而且用过植物诱导剂的蔬菜抗病避虫，所以也就不需要化学农药。

用过植物诱导剂的作物光合能力强，吸收转换能量大，故要施足碳素有机肥，按每千克干秸秆长叶菜10~12千克，果菜5~6千克投入，鸡、牛粪按干湿情况酌情增施。同时增施品质营养元素钾，按50%天然矿物钾100千克，产果瓜8000千克，产叶菜1.6万千克投入，每次按浇水时间长短随水冲施10~25千克。每间隔一次冲施1~2千克，提高碳、氢、氧、钾等元素的利用率。

2010年山西省新绛县南王马村和襄汾县黄崖村用生物技术，夏秋西红柿每亩产1万~2万千克。

六、作物增产的"助推器"——植物修复素

每种生物有机体内都含有遗传物质，这是使生物特性可以一代一代延续下来的基本单位。如果基因的组合方式发生变化，那么基因控制的生物特性也会随之变化。科学家就是利用了基因这种可以改变和组合特点来进行人为操纵和修复植物弱点，以便改良农作物体内的不良基因，提高作物的品质与产量。

植物修复素的主要成分：B—JTE泵因子、抗病因子、细胞稳定因子、果实膨大因子、钙因子、稀土元素及硒元素等。

作用：具有激活植物细胞，促进分裂与扩大，愈伤植物组织，快速恢复生机；使细胞体积横向膨大，茎节加粗，且有膨果、壮株之功效，诱导和促进芽的分化，促进植物根系和枝杆侧芽萌发生长，打破顶端优势，增加花数和优质果数；能使植物体产生一种特殊气味，抑制病菌发生和蔓延，防病驱虫；促进器官分化和插、栽株生根，使植物体扦插条和切茎愈伤组织分化根和芽，可用于插条砧木和移栽沾根，调节植株花器官分化，可使雌花高达70%以上；平衡酸碱度，

将植物营养向果实转移；抑制植物叶、花、果实等器官离层形成，延缓器官脱落、抗早衰，对死苗、烂根、卷叶、黄叶、小叶、花叶、重茬、落铃、落叶、落花、落果、裂果、缩果、果斑等病害症状有明显特效。

功能：打破植物休眠，使沉睡的细胞全部恢复生机，能增强受伤细胞的自愈能力，创伤叶、茎、根迅速恢复生长，使病害、冻害、除草剂中毒等药害及缺素症、厌肥症的植物24小时迅速恢复生机。

提高根部活力，增加植物对盐、碱、贫瘠地的适应性，促进气孔开放，加速供氧、氮和二氧化碳，由原始植物生长元点，逐步激活达到植物生长高点，促成植物体次生代谢。植物体吸收后8小时内明显降低体内毒素。使用本品无须担心残留超标，是生产绿色有机食品的理想天然矿物质。

用法：可与一切农用物资混用，并可相互增效1倍。

适用于各种植物，平均增产20%以上，提前上市，糖度增加2度左右，口感鲜香，果大色艳，保鲜期长，耐贮运。

育苗期、旺长期、花期、坐果期、膨大期均可使用，效果持久，可达30天以上。

将胶囊旋转打开，将其中粉末倒入水中，每粒兑水14~30千克叶面喷施，以早晚20℃左右时喷施效果为好。

总而言之，应用五大要素整合创新技术，可以使土壤健康，从而打开植物的二次代谢功能，提高产量。

西方观念对疾病的处理态度是清除病毒病菌，从用西药到切除毒物均是缘于这种观念，所以在生产有机蔬菜上是讲干净环境，无大肠菌，从用化肥、化学农药到禁用化学农药与化肥，在作物管理上是跟踪、监控、检测，产量自然低，品质自然差。

中国人的观念是对病进行调理，人与自然要和谐相处，包括病毒、病菌、抗生素和有益菌。所以，中国式传统农业是有机肥+轮作倒茬，土壤和植物的保健作业。在生产有机食品上的现代做法是，碳素有机肥+微乐士生物菌液+植物诱导剂+赛众28等。主次摆正，做到缺啥补啥、扬长补短。

在栽培管理上，注重中耕伤根、环剥伤皮、打尖整枝伤秧、利用有益菌等，打开植物体二次代谢功能而增产，保持产品原有风味。

中国农业科学院土肥所刘立新院士从2000年开始提出用农业生产技术措施，

在生产有机农业产品上意义重大。他提出"植物营养元素的非养分作用"，就是说作物初生根对土壤营养的吸收利用是有限的，而通过育苗移栽，适当伤根，有益生物菌等作物根系吸收土壤营养的能力是巨大的，这就是植物次生代谢功能的作用。

用有益菌发酵分解有机碳素物，是选择特殊微生物，让作物发挥次生代谢作用，可以实现营养大量利用和作物高产优质。比如秸秆、牛粪、鸡粪施在田间后，伴随冲施微乐土生物菌液，作物体内营养在光合作用大循环中，将没有转换进入果实的营养，在没有流向元点时，中途再次进入营养循环系统中去积累生长果实，即二次以后不断进行营养代谢循环，就能提高碳素有机物利用率1～3倍，即增产1～3倍。

作物缺氮不能合成蛋白质，也就不能健康生长，影响产量。施氮，其中的硝酸盐、亚硝酸盐污染作物和食品，使生产有机食品成为一个难题。而用微乐土生物菌液+氨基酸与有机碳素物结合，成为生物有机肥，可以吸收空气中的氮和二氧化碳，解决作物所需氮素营养的40%～80%，加之有机肥中的氮素营养，就能满足作物高产优质对氮的需要。在缺钾的土壤中施钾；用植物诱导剂控秧促根，提高光合强度，激活叶面沉睡的细胞；微乐土生物菌液在碳素有机肥的环境中，可扩大繁殖后代，可比对照增产1～5倍；其中的原因就是微乐土生物菌液打开了植物二次代谢物质的充足供应。

有机肥内的腐殖质中含有百里氢醌，能使土壤溶液中的硝酸盐在有益微生物菌活动期间提供活性氢，在加氢反应后还原成氨态氮，不产生和少产生硝酸盐，植物体内不会大量积累这类物质，土壤健康，植物就健康；食品安全，人体食用后也就健康。

土壤中有了充足的碳素有机肥、微乐土生物菌液和赛众28矿物营养肥，土壤就呈团粒结构良好型、含水充足型、抗逆型、含控制病虫害物质型状态。

其中分解物类有黄酮、氢肟酸类、皂苷、酚类、有机酸等有杀杂菌作用的物质；分解产生的胡桃酸、香豆素、羟基肟酸，能杀死杂草；其产物中有葫芦素、卤化萜、生物碱、非蛋白氨基酸、生氰糖苷、环聚肽等物质，具有对虫害的抑制和毒死作用。

有机碳素肥在有益菌的作用下，与土壤、水分结合，使植物产生次生代谢作用形成氨基酸，氨基酸又能使植物产生丰富的风味物质，即芳香剂、维生素P、有机酸、糖和一萜类化合物，从而使农产品口感良好，释放出品种特有的清香酸甜味。

日本专家认为，过去土壤管理存在失误，被非科学"道理"忽悠着，钱花了、色绿了、作物长高了，产量却徘徊不前，甚至品质下降了，病虫害加重了。化学物的施用，成本高了、污染重了，农业生产出次品，人吃带毒食品，后代健康受到巨大影响。

土壤中凡用过化肥、化学农药的，其作物就具有螯合的微量元素，即具有供应电子和吸收电子功能，导致元素间互相拮抗，从而闭合植物的次生代谢功能，自然营养利用率就低。而给土壤投入微乐土生物菌液和赛众28矿物营养肥，能打开作物次生代谢之门，化感物质和风味物质就会大量形成，栽培环境就成为生命力强的土壤健康状态。

第三章 有机蔬菜产品的认证

第一节 有机食品认证的基本要求

申请有机认证前的基本要求：建立完善的质量管理体系、生产过程中控制体系的建立、追踪体系的确立。

一、质量管理体系的基本要求

在申请有机食品认证企业（单位）前，需按《有机食品认证技术准则》的要求，建立并完善涵盖如下内容的管理体系。

1. 质量管理手册

质量管理手册是阐述企业质量管理方针目标、质量体系和质量活动的纲领性指导文件，对质量管理体系作出了恰当的描述，是质量体系建立和实施中所应用的主要文件，即是质量管理体系运行中长期遵循的文件。质量管理手册的主要内容包括：企业概况，开始有机食品生产的原因，生产管理措施，企业的质量方针，企业的目标质量计划，为了有机农业的可持续发展、促进土地管理的措施、生产过程中管理人员、内部检查员以及其他相关人员的责任和权限、组织机构图、企业章程等。

2. 操作规程

所有的操作规程都是为了将《质量保证手册》具体化的程序和方法的文件，必须经过企业（单位）内部的共同讨论通过并切实地实行，对于蔬菜生产主要包括以下规程：栽培操作规程、原料收获的管理规程、收获后的各道工序的规程、出货规程、机械设备的维修清扫规程、客户投诉的处理、给认证机构的报告及接受检查规程、记录管理规程、内部检查规程、教育培训规程。

3. 记录完成和保存

文本及数据类文件的管理规程，如完整的生产和销售记录，要保存时间3年以上。

4. 内部检查

涉及内部检查监督方法规程；对操作规程进行定期重新审阅、修订的规程；对生产过程进行检查和确认并提出改进意见的规程；对各类记录进行确认、签字认可规程等。

5. 合同内容的确认

为确认和履行合同及订单要求的规程。

6. 教育和培训

对本企业参与有机生产经营活动的所有成员进行的必要教育和培训规程。

二、生产过程控制体系

遵循《有机食品认证技术准则》的要求，建立并完善企业生产过程控制体系。

1. 产品必须来自已建立的或正在建立的有机农业生产体系，或采用有机方式采集的野生天然产品。

2. 加工产品所用原料必须来自已建立的或正在建立的有机农业生产体系，或采用有机方式采集的野生天然产品。

3. 在整个生产过程中必须严格遵循有机食品生产、采集、加工、包装、贮藏、运输标准。

①有机食品在其生产加工过程中绝对禁止使用化学合成的农药、化肥、激素、抗生素、食品添加剂等，而普通食品则允许有限制地使用这些物质。

②有机食品的生产和加工过程中禁止使用基因工程技术的产物及其衍生物。

③有机食品的生产和加工必须建立严格的质量跟踪管理体系，因此一般需要有一个转换期。

④有机食品在整个生产、加工和消费过程中更强调环境的安全性，突出人类、自然和社会的协调与可持续发展，在整个生产过程中采用积极、有效的生产措施，使生产活动对环境造成的污染和破坏减少到最低限度。

三、追踪体系

1. 追踪体系的概念

追踪体系作为食品质量安全管理的重要手段。国际食品法典委员会（Codex）对可追踪系统的定义为"食品生产、加工、贸易各个阶段的信息流的连续性保障体系"。可追踪系统能够从生产到销售的各个环节追踪检查产品，有利

于监测任何对人类健康和环境的影响，通俗地说，该系统就是利用现代化信息管理技术给每件商品标上号码、保存相关的管理记录，从而可以进行追踪。

有机食品的可追踪是指从最终产品到原材料以及从原料到产品的整个过程，可以跟踪生产日期、生产及加工记录、原料到货记录、仓库保管记录、出货记录等各种记录和票据。

追踪体系是一个记录保存系统，可以跟踪生产、加工、运输、贮藏、销售全过程，是有机生产的证据，及检查员检查评估是否符合有机标准的重要依据，也是生产者提高管理水平的重要依据。对于同时进行常规生产和有机生产的生产者，追踪体系尤其重要。参考有机认证中心建议的生产基地农事活动记录表，建立跟踪审查系统。

2. 追踪体系的意义

追踪体系的确立能带来如下的好处：最终产品出现违反准则的情况时，能方便对违规事项的原因查找；原因找到后，使需要回收货物的量最小；削减回收费用；因为能清楚地掌握原材料的出处，所以能分析、辨别所用原材料的风险度；能在记录上使最终产品的品质保证成为可能，符合ISO 9001系列及HACCP的要求。反之，如果产品未建立追踪体系时，一旦其最终产品发生问题就会遭受很大的损失。

3. 追踪体系的要素

追踪体系的要素可分为种植业部分和加工部分。

（1）种植业部分　该部分主要包括：地块分布图、地块图、产地历史记录、农事活动记录、投入物记录、收获记录、贮藏记录、销售记录、批次号以及经认证的投入物。

（2）加工部分　该部分主要包括：有机原料的收购、运输和储存、加工过程、仓储、产品的销售、批次号和装箱单（B/L）。

四、有害物质控制及卫生管理

（1）常规产品的加工者在进行有害物质控制和卫生管理时，应以文件的形式记录应采取的附加措施，以保证有机产品在存储和加工时不会受到污染。

（2）在检查生产记录时，应同时检查与同一生产进程相关的有害物控制卫生管理文件，以确认跟踪记录与有机食品认证成品的一致性。

第二节 有机农产品的认证程序

按照农业部绿色食品、无公害农产品、有机食品认证工作"三位一体、整体推进"的战略部署，逐步建立了以工作机构为主体、监测机构为支撑、专家队伍为补充的工作体系，建立了较为完善的认证程序。每个认证机构都有各自的一套认证程序，但都大同小异，基本都包括以下内容。

1. 申请

申请者提出正式申请，向有机认证机构或其代理或分中心索取有机认证申请表、有机认证调查表、有机认证书面资料清单、有机生产技术准则等相关申请表格和文件。申请者填写申请表和调查表，按有机食品认证书面资料清单中的要求提供相关材料，同时按有机食品认证技术准则中的要求建立质量管理体系、生产过程控制体系、追踪体系。

2. 预审、审查并制定初步的检查计划

有机认证机构或其代理或分中心对申请者材料进行预审。预审合格，根据申请人提供的项目情况，估算检查时间，并据此估算认证费用和制定初步检查计划，经综合审查做出"何时"进行检查的决定，并向申请者寄发受理通知书、有机认证检查合同；若审查不合格，当年不再受理其申请。

3. 签订有机认证检查合同

申请者确认受理通知书后，与有机认证机构签订有机认证检查合同。根据《检查合同》的要求，申请者缴纳相关费用的50%～70%，以保证认证前期工作的正常开展。申请者指定内部检查员配合认证工作，并进一步准备相关材料。

4. 实地检查评估

全部材料审核合格，认证机构在确认申请者缴纳颁证所需的各项费用以后，派出有资格的检察员进行实地检查。检查员从有机认证机构或其代理或分中心取得申请人相关资料，依据有机食品生产技术准则的要求，对申请者的质量管理体系、生产过程控制体系、追踪体系以及产地、生产、加工、仓储、运输、贸易等进行实地检查评估。必要时，检查员可对水、土、气及产品抽样，由检查员和申

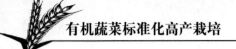

请者共同封样送指定的质检机构检测。

5. 检查报告

检察院完成检查后，按有机认证机构要求编写检查报告。检查员在检查完成后两周内将检查报告送达有机认证机构。

6. 综合审查评估意见

有机认证机构根据申请者提供的有机认证申请表、有机认证调查表等相关材料以及检查员的检查报告和相关检验报告等进行综合审查评估，填写颁证评估表，提出评估意见。有机认证机构将评估意见报颁证委员会审议。

7. 颁证委员会决议

颁证委员会定期召开颁证委员会工作会议，对申请人的基本情况及调查表、检查员的检查报告和认证中心的评估意见等材料进行全面审查，做出同意颁证、有条件颁证、有机转换颁证或拒绝颁证的决定。证书有效期为一年。

（1）同意颁证 申请内容完全符合有机食品标准，颁发有机食品证书。

（2）有条件颁证 申请内容基本符合有机食品标准，但某些方面尚需改进，在申请人书面按要求进行改进后，亦可颁发有机食品证书。

（3）有机转换颁证 申请人的基地进入转换期一年以上，并继续实施有机转换计划，颁发有机食品转换证书。产品按"转换期有机食品"销售。

（4）拒绝颁证 申请内容达不到有机产品标准要求，颁证委员会拒绝颁证，并说明理由。

8. 颁发证书

根据颁证委员会决议，向符合条件的申请者颁发证书。有机认证机构与申请者签署认证协议，申请者缴纳认证费剩余部分，认证机构或证书申请者在领取证书之前，需对检查员报告进行核实盖章，或有条件颁证申请者要按认证机构提出的改进意见做出书面承诺。

9. 有机食品标志的使用

根据有机产品认证书和有机产品标志管理章程，签订有机产品标志使用合同，办理有机标志的使用手续。

第三节　有机农产品标志管理

有机农产品标志的使用涉及政府对有机产品或有机转换产品量的保证和对生产者、经营者及消费者合法权益的维护，是国家相关部门对有机产品或有机转换产品进行有效监督和管理的重要手段。获得有机农产品认证证书的单位或个人，应当建立标志使用的管理制度，对标志使用情况如实记录，登记注册并存入档案，存期三年，备以后查询。

获证单位或者个人应当按照规定在获证产品或者产品的最小包装上加施有机产品认证标志。可以将有机产量认证标志印制在获证产品标签、说明书及广告宣传材料上，并可以按照比例放大或者缩小，但不得变形、变色。在获证产品或者产品小包装上加施有机产品认证标志的同时，应当在相邻部位标注有机产品认证机构的标识或者机构名称，其相关图案或者文字应当不大于有机产品认证标志。

使用有机农产品标志的单位或个人，应当在有机产品或有机产品转换产品认证证书规定的产品范围和有效期内使用，不得超范围和逾期使用，不得买卖和转让。有机产品认证机构在做出撤销或暂停使用有机产品认证证书决定的同时，应当监督有关单位或个人停止使用、暂时封存或者销毁有机产品认证标志。

第四章　温室、拱棚设计建造

第一节　鸟翼形日光温室设计原理和标准

1. 设计原理

日光温室是以太阳光为能源增加室内温度和光照的生产设施。室内光照主要取决于太阳的光照强度和温室对阳光的透过率。光照强度又随季节、时间、纬度和天气状况而变化。因此，日光温室在采光设计上，要求温室能在一定条件下，具有较好地接受太阳辐射的强度、较多的透光能力及较大的受光面积。

2. 温室的光源

温室靠太阳的辐射创造作物生长环境，太阳辐射是由波长不同的光组成的连续光谱。波长0.3～0.4微米为紫外线，其能量约占太阳辐射能的1%～2%，有杀菌和抑制作物徒长的作用；波长0.4～0.76微米为可见光线，包括红、橙、黄、绿、青、蓝、紫7种颜色，占太阳辐射能的40%～50%；波长0.76～3.0微米是红外线，约占有50%，温室吸收后转化为热能，提高环境温度，从而保证温室作物的生长。

3. 采光原理

温室的使用主要在晚秋、冬季和早春。设计重点是让温室有最大的受光面，接受阳光的辐射而增加温室的温度。要注意以下3个方面。

（1）温室的方位　在晋南地区，通过几年来的实践证明，冬季生产的温室，方位偏西能增加光照时间，起到保温和增温作用。

（2）温室的坡面形状　温室形状呈鸟翼形（圆弧形）。该坡面形状设计合理，采光性能好，薄膜绷得紧，综合效果好。

（3）温室屋面角　屋面角与吸收率、反射率和透光率的关系是：吸收率+反射率+透光率=100%。太阳向地面的辐射能量是固定的，而同一种覆盖物的吸收率也是固定不变的。因此，反射率越大，透过率就越小，反射率与透光率成反比。入射角（即棚面上下垂直线与太阳光线夹角）与光线的关系一般是：当入射角在0°～40°的范围内，入射角增大，透光率变化不大；当入射角40°～60°时，透光率随入射角加大而明显下降；当入射角由60°增加到90°时，透光率急剧下降；入射角为0°时，太阳直射光线与棚面成90°，光入射率达86.45%（具体参见表1）。

表1 太阳光在不同投射角的入射率与反射率

太阳光投射角度	光入射率（%）	光反射率（%）
90°≈入射角0°	86.48	0
80°	84.32	2.5
70°	84.23	2.6
60°	84.15	2.7
50°≈入射角40°	83.54	3.4
45°	82.59	4.5
40°	81.55	5.7
30°	76.79	11.2
20°	67.28	22.2
15°	60.54	30.0
10°	50.05	41.2
5°	39.52	54.3

在北纬32°～43°的高纬度地区，如按60°～70°投射角设计，温室棚面自然透光率高，但因前坡陡、中脊高、栽培床面积小、保温性差，加之在冬至前后弱光季节里，每天达40°入射角（或50°投射角）时间很短，采光并不理想，如果把计算合理的角度再加大5°～10°，则能延长4小时左右的光照。故在入射角不大于40°的基础上再减5°～10°，即为合理的入射角参数30°～35°。

在北方多数地区，日光温室是在晚秋、冬季及早春使用。其间是以冬至时的太阳高度最低。因此，以冬至时的太阳高度为依据，来确定温室的屋面角，使之与冬至时的太阳光线有一个理想的屋面角。其计算公式如下：

$H=90°-\phi+S$（用此公式可求出任一纬度、任意节气的中午时刻太阳高度角）

式中H—冬至正午时刻太阳高度角；ϕ—当地纬度；S—赤纬度。

北半球冬至-23.5°，晋南地区地理纬度35°，则冬至时的$H=90°-35°+$

（−23.5°）=31.5°；由于入射角小于40°，光线的透过率与入射角为0°时透光率相差不大，所以晋南地区冬至时的理想棚面角A=90°−31.5°−（30°～40°）=18.5°～28.5°，所以在晋南地区建温室，只要棚面角度在18.5°～28.5°左右，就可以获得最大的透光率，温室里光照强度也就最大。由于棚面角和棚前檐切角相同，所以晋南地区冬至时最佳前檐内切角为18.5°～28.5°；又因为以跨度8米、脊高3米为设计基点，其采光坡面要求略呈圆弧拱形，植物光合作用主要利用散光产生热能，为此，棚南沿内切角以28°～30°为最佳。

4. 标准规格

根据北方冬季蔬菜生产需要，抓住温室采光与保温两个关键环节。采光以冬至时节为标准，根据地理纬度计算的太阳高度、入射角度，确定温室方位和屋面角度，使太阳光线辐射至温室内达最佳值，温室温度达到最高。又通过经济合理的围护结构，最大限度地减少热量传导、强化保温作用，这就是最佳的优化温室结构。根据晋南地区的纬度，土壤冻层和气候变化，科学地确定了"七度"横切面鸟翼形的标准规格温室，即：温室跨度8.2米，地平面与棚顶高度3米，后墙高度1.5～1.85米，墙厚度1～1.2米，后坡内角45°，投影0.8米，前棚面呈圆弧形结构，南沿立柱0.8米，前坡切角度28°～30°。整个温室坐北向南，建筑方位为正南偏西5°～10°，便于延长深冬午后光照时间，以便于更多的蓄积热量，提高夜温。长度80米，热容大，便于计算。一般在纬度40°以南，常年很少出现−20℃的地区则以大跨度效益为佳，晋冀鲁南及陕甘豫黄淮流域，海拔不超过1000米的地区，均宜发展此规格温室。

5. 鸟翼形半地下式生态温室建造成本明细（2010年9月）

标准温室 墙体内高3.3米，外高2.4米，棚脊内高4米，墙底厚4.5米，顶宽1.8米；钢梁间距3米，跨度9米，长度100米（栽培面积约1.3亩，867平方米），方位正南偏西7°～9°，前沿内切角30°～40°。

土方工程 （100+9）米×60元/米=6540元。

钢架 （上弦直径1寸、钢皮厚2.5毫米钢管，下弦直径12毫米螺纹圆钢，W型减力筋直径10毫米圆钢），222.5元/架×30架=6675元。

坡梁 （12厘米×7.5厘米×1.8米），18元/根×59根=1062元。

立柱 立柱Ⅰ：4.3米×6元/米×59根=1522元；

立柱Ⅱ：3.8×6元/米×30根=684元。计：2206元。

竹竿竹片　竹竿（6米～7米长），4.9元/根×310根=1519元；竹片（3米+3米+4米），2.7元/根×100根=270元。计：1789元。

钢丝　（天津热镀锌，国标12#），310千克×7元/千克=2170元。

铁丝　12#　50千克×6元/千克=300元；14#　50千克×6元/千克=300元。计：600元。

草苫　（10.5米×1.5米×3.5厘米～4厘米），100卷×65元/卷=6500元。

后坡　后坡苫（8米×1.4米×2厘米）15卷×40元/卷=600元；后坡膜（0.06~0.08毫米厚），400平方米×1.6元/平方米=640元。计：1240元。

棚膜　无滴膜（0.08~0.12毫米厚），前片　918平方米×1.8元/平方米=1653元；后片　240平方米×1.8元/平方米=432元。总计：2085元。

苫绳　每卷1根10元，100卷×10元/根=1000元。

压膜绳　纤维布合成绳（11.5米/根），60根×5元/根=300元。

排气口绳　（15米/根），19根×4元/根=76元。

砖　1200块×0.18元/块=216元。纤维条（袜口）60元。地锚材料100元。计：376元。

卷帘机　包括安装费，4000元。

人工费　100米×40元/米=4000元。

以上各项合计：40619元。

总造价40619×（1+5%）=42750元（前期规划、放线、价格浮动及其他不可预见因素加5%）。

国家补贴额：

钢梁　62.5元/根×30根=1875元。

卷苫机　3200元，计：5075元。

农机补贴后总投资：42750元-5075元=37675元（合每亩2.9万元）。

第二节　两膜一苫拱棚建造规范与应用

两膜一苫保护地设施发源于安徽，由于两膜一苫所生产的鲜嫩蔬菜多在我国蔬菜高值期上市，产量质量比温室还好，且管理方便，投资低廉。近几年从苏

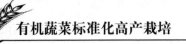

北、鲁西南向豫东、豫北、晋冀鲁南蓬勃发展。其结构不尽相同，改进速度较快。

长江流域及以南最低气温在–5～5℃，1.5万勒克斯以上光照强度在100天左右，空气湿度为65%～85%的环境有200天以上，土壤透气性较差，其作物生长的劣势是病虫害严重，产品品质差，产量低。其优势是地下水位高，可诱根深扎，少浇水；蔬菜色泽鲜艳。而用生物技术可弥补以上环境劣势造成的诸多问题，较过去的化学农业技术，提高产量3倍左右。长江以南雨水多，昼夜温差小，选择两膜一苫拱棚，大棚外层膜能避雨，防止田间积水过高使作物染病。小棚膜能保墒，使大棚膜直射光线转换成散射光线，提高小棚内温度和叶面光合强度。在最冷的40左右天里，即外界温度–5～5℃时节，傍晚在小棚上覆盖草苫，保证棚内最低温度在8～12℃，就能使各种作物正常生长。

大棚选择荷兰组装式结构，拱圆形即高2.0～2.2米，宽7～9米，每1.2米一根拱架，拱架两侧内倾斜30°。拱架用直径2～2.5厘米E型钢管，也可用3厘米直径的寸管做上弦，W型减力筋和下弦用10#钢材焊接，梁与梁间用12#铁丝联结固定。上覆0.01毫米厚塑料膜，能抗当地最大风速风力为准。

大棚内设两个鸟翼形小棚，棚宽3～4米，高1.5米，最高点距北边1米左右，棚横切面呈鸟翼形，用竹木或钢材做骨架，上覆0.007～0.01毫米厚的塑料膜，覆3厘米左右厚的草苫，小棚骨架以能承受草苫压力为准，白天草苫放在小棚北边地上，也可在1米高处支一门字形架，将草苫放在架子上。

1. 走向

东西长、南北向的拱棚，北边升温快、受光弱；南北长、东西向的拱棚，冬季和早春温度均匀，整体受光弱，蔬菜生长比较整齐，便于一次性采收上市，二者在产量和效益上差异不大。

南北向便于在北边设支苫架，固定北边1.3米高的草苫，避风向阳。

2. 棚距

东西向拱棚，在低温弱光期和地区，棚距不低于棚高，如果在棚北设置风障，两棚间距要达4米，防止互相遮阴。东西向的拱棚间距3米。矮小棚，耐寒喜阴冷的蔬菜可不考虑间距，如甘蓝、韭菜、芹菜等。

南北向拱棚，南边棚距离不少于1.5米，东边棚距离最好达3米。

跨高度两膜一苫拱棚要体现棚高1.3～1.5米，便于拉放草苫，升温快，低温期保温时间长，排湿方便和适温期昼夜温差大，可防病害，提高产量等。还要考虑冬季不会积雪压塌棚，跨度以5.5～6米为佳。

3. 钢材结构

南北向的小棚最高点往北偏1.2米；东西向小棚和高度在2.2~2.5米的大棚为等量拱圆。上弦用直径1.6厘米的管材，下弦用10#圆钢，上下弦距中部为30厘米，下部即两端为20厘米，W型减力筋用12#圆钢焊接。钢架每米造价11元左右。

拱梁间距3.6米，每40厘米用12#铁丝1根，顺棚长将钢架联结；两端用15~20千克的石头将铁丝捆牢，入坑换土夯实。梁间用粗头2厘米的竹竿，每米1根固定在铁丝上。梁两端用三层砖填实固定。为便于移动骨架，2~4个钢架从两端用12#圆钢拧合在一起，便于稳固与迁移。

4. 竹木结构

选用粗头为30厘米周长，长7米，厚1厘米的竹竿，劈成4片，握成拱圆形，中间支一立柱，两侧撑木棍，并顺棚长设3~4道拉杆或铁丝联结即成。

5. 扣膜

小棚和内棚一般跨度为5.5米，选用7米宽幅薄膜，越冬栽培喜温性蔬菜，宜用紫光膜和聚氯乙烯膜，棚内温度提高1~3℃。早春和延秋栽培耐寒性蔬菜选用聚乙烯膜即可。要选择0.08~0.12毫米厚膜，以免过薄易被草苫划破跑温。大棚外膜宜用抗耐老化的薄膜，菜顶覆膜可选择0.03毫米的聚乙烯膜即可。

6. 设架盖苫

待晚上最低气温下降到5~6℃时盖草苫。选7米长，1.3~1.5米宽，3~4厘米厚的稻草苫。在棚北或西边，用木棒或粗竹竿设一道支苫架。立杆高1.5~1.8米，横杆4~6米，捆成"H"字架，放在棚外，压在昼夜不动的北边1.3米高草苫上。早上用绳子将草苫拉起，卷放在支架与棚北凹处，傍晚用一木棍头钉一小板，轻推草苫盖棚，操作方便快捷。

第三节 三膜一苫双层气囊式鸟翼形大棚建造与应用

"三膜一苫"大棚设计与应用，是根据晋南气候特点、蔬菜生物学特性以及11月至翌年4月的蔬菜价格规律创造的投资小、管理简单、适宜作物控病促长的

生态环境，可谓农业先进生产技术。

1. 自然环境特点与应用优势

影响冬季蔬菜产量的主要因素是光照和温度。晋南处于北纬35°，属大陆性气候，是全国光照和昼夜温差最佳地区，冬季（12月至翌年2月）平均光照强度1.3万勒克斯，晴朗时高达3.2万勒克斯，而蔬菜生长的下限光照要求为9000勒克斯，上限光照要求为5万～7万勒克斯，光补偿点为2000勒克斯。三层覆盖透光率达72%，比温室单层膜少8%～10%，但受光时间增加11%，作物进入光合作用温度适期增加17%，可满足蔬菜光合作用下限要求。4～6月份光照强度达8万～10万勒克斯，"三膜一苫"可挡光照20%～30%，起到遮阳降温的作用，使蔬菜在较适宜的光照强度下延长生长期。晋南冬季昼夜温差23～26℃，极端最低温度-15～-17℃，最高温度22℃，室内可达28～30℃，而蔬菜产品积累的标准昼夜温差为17～18℃，三层覆盖能将昼夜温差调节到适中要求，系晋南气候环境独特的两大应用优势。

2. 基本构造与保温理论依据

"三膜一苫"按跨度7.2米、脊高2.5米做棚架，最高点偏北1.2米。钢架结构上弦用3.08厘米的管材，下弦用1.5厘米见方的钢筒，上下弦距30厘米，W型减力筋用12#圆钢焊接，在下弦方筒上，每隔40厘米打一螺丝孔，用来固定内层膜。水泥预制棚架要按长6.6米、高1.9米，最高点偏北1米做一个竹木结构无支柱骨架，扣第二层膜。两端各设一根水泥柱固定棚体，并设门以利通风换气。

小棚按5.5～6米跨度、1.5米高、7～7.5米长、6～7厘米宽、1厘米厚的竹片做棚架，间距1米左右，棚内设3道立柱支撑。棚北边插木棍，固定棚体和北端1.5米高的草苫，用7～7.5米长、1.3米宽、4厘米厚的稻草苫，在棚温降到8℃以下时早揭晚盖。

11月上旬扣外膜，11月下旬扣内膜，12月中旬至翌年2月扣小棚盖草苫，3月下旬撤草苫与小棚。

经测试，大棚内外膜中间0.3米形成一个隔温气囊，缓冲保温达4～7℃，内棚与小棚间又有一个0.7米的空间，减少空气对流，可缓解和减少热能散失5～8℃，小棚内几乎无空气对流现象，可达到保温抗寒的效果。"三膜一苫"在严寒季节隔绝热量外导，可避免草苫被雨淋、雪湿、霜冻、风刮等失热弊端。

第四节　鸟翼形无支柱暖窖设计建造与应用

鸟翼形大暖窖是将鸟翼形标准温室在尺度上压缩了的设施，造价是日光温室的1/2～1/4，但其产出的效益并不比日光温室低，是目前值得大力推广的一种设施。

这种大暖窖因其结构稍有区别，在东北叫立壕子，山东称暖棚，晋南叫温棚，无后坡或短后坡；河北叫暖窖，类型多种多样。

暖窖按其跨度分大、小两类，按后坡分有、无固定后坡两类；按墙体分固定土墙和不固定禾秆墙两类。

现根据华北地区气候，利用9～11月份和2～4月份，昼夜温差大，光照适中，夜温偏低，蔬菜价格高，即12月底至翌年3月底高出夏秋菜价格10～30倍等特点，制定出可越冬和延秋续早春栽培共用的大暖窖造型。

1. 标准规格

鸟翼形暖窖标准规格：①跨度6.6米，过大温棚南端蔬菜生长不良，易受冻害。②地平面与棚顶高1.7米，比日光温室2.85～3.3米低1.15～1.6米，栽培床低于地平面30厘米，散热慢，保温高1倍左右。④墙厚0.8～1米，是当地最大冻土层的4倍左右。④后墙高1.1米，背风、阳光射入栽培床升温快，蔬菜进入光和适温期每天可延长30～40分钟。⑤前坡内切角50°～58°，能获得冬至前后最大入射角，因太阳入射角与内切角一样，以58.5°为最佳。⑥长度30～50米，因冬季三面墙散热保护范围为20～25米，低于30米山墙遮阳时间长，大于60米，中部易产生低温障碍。⑦建筑方位正南偏西5°～7°，便于延长深冬午后光照时间，以便更多地蓄积热量，提高夜温。⑧后坡内角45°，可在南沿1.5米处和5米处形成两个受光带，窖内形成两个蔬菜高产带。笔者认为：一般在北纬40°以南，常年很少出现-20℃地区，即晋冀鲁南及陕甘豫黄淮流域，海拔不超过1000米的地区，均宜发展此规格暖窖，温差可达28～30℃，是低投资高收益设施。

2. 无支柱暖窖建造技术

42.5强度等级水泥1份，0.5厘米石子5份，细沙3份。拱梁模具长7.6米，内宽5厘米，前端厚10厘米，中端13厘米，后端15厘米，顶端弯角处20厘米，内置3根

直径6.5毫米钢丝，下二上一，用细铁丝编织固定，养护凝固后，用水泥砖砌固定端，间距1.4米，每50厘米用一根12#钢丝东西拉直固定。后坡不处理，晚上用草苫围护即可。

特点：墙厚1米，贮温防寒；后墙高1.1米，背风；后屋深90厘米，便于拉放草苫；跨度6.6米，保证耐寒性蔬菜苗不受冻；脊高1.9米，作物进入光合作用适温早，时间长；后坡不处理，便于降温，昼夜温差大，利用产品形成，控制病虫害；无支柱，耕作方便，造价7000元左右。适宜延秋茬续早春茬一年两作各类蔬菜栽培。

3. 蔬菜栽培要点

以辣椒为例，越冬茬辣椒9月育苗，11月定植，元月上市，每亩产3500千克，收入1万～1.7万元，12月至翌年元月需用蜂窝煤炉或木炭在晚上加温，因空间矮小比日光温室加温效果好，辣椒不宜受低温影响成僵果。早春茬辣椒在12月份育苗，2月份定植，11月份结束，每亩产5000千克，收入1万元左右。

第五章　有机大白菜栽培技术

大白菜（图5-1），又名白菜、结球白菜、包心菜、黄芽菜等，原产中国。大白菜为十字花科芸薹属芸薹种中能形成叶球的亚种，属一二年生草本植物，在我国有悠久的栽培历史，是我国著名的特产蔬菜。现今大白菜在我国分布十分普遍，各地均有栽培。在北方广大地区，尽管上市量较20世纪80年代末期有所减少，但秋播、初冬收获的大白菜仍为供应冬春季节的重要蔬菜。随着新品种的选育及保护地栽培的发展，早春大白菜、春夏大白菜、夏秋大白菜的栽培面积也逐年扩大，使大白菜基本实现了周年生产、均衡供应的目标。是种植面积和上市量最大的蔬菜之一。

图5-1　大白菜形态

大白菜生产投资少，栽培技术简单，在生产季节自然灾害较少，生产的风险小，因此，在我国广大的农村地区，无论是粮食产区、还是蔬菜产区，其普及率之高，不愧为"大路菜"的称号。大白菜营养价值很高，含有大量的维生素和矿物盐。每100g叶球中，含蛋白质1.2g、脂肪0.1g、碳水化合物2.0g、钙40mg、磷28mg、铁0.8mg、胡萝卜素0.1mg、核黄素0.06mg、尼克酸0.5mg、维生素C 31mg。大白菜性平、味甘、微温，具有很好的医疗保健作用。具有补中、消食、利尿、通便、清肺热、止痰咳、除瘴气以及防治矽肺等作用。含有大量的粗纤维，食后可以促进肠壁蠕动，帮助消化，防止大便干燥；大白菜中含有吲

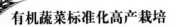
哚-3-甲醇化合物，可以有效防止乳腺癌的发生。

大白菜的食用方法很多，可炒食、做汤、做馅，亦可腌渍、加工。大白菜清香鲜嫩、有助于消化吸收，无其他异味，符合我国大众的食用习惯，自古就享有"菜中之王"的美称。

第一节　生物学特性

一、植物学特征

（1）根　大白菜为浅根性直根系。主根较发达，上粗下细，其上着生两列侧根。上部的侧根长而粗，下部的侧根短而细。主根入土不深，一般在60cm左右，侧根多分布在距地表25～35cm的土层中，根系横向扩展的直径约60cm。

（2）茎　大白菜的茎在不同的发育时期形态各不相同。在营养生长时期的茎称为营养茎，或短缩茎，进入生殖生长期的称为抽生花茎。营养茎最初由胚轴和胚芽发展而来，随生长进行，粗度增加较大，可达4～7cm，但缺乏居间生长，在整个营养生长阶段基本上是短缩的，呈短圆锥形。大白菜经受低温后，营养苗端发育成为生殖苗端，这时，营养茎仍然很短。但随着温度的升高，生殖苗端发展成为花茎，抽出主薹，叶腋间的牙可抽出侧枝，侧枝还可长出二三级侧枝。花茎有明显的节，高度达60～100cm。

（3）叶　大白菜的叶既是同化器官，又是营养贮藏器官。因此，具有明显的器官异态现象。发芽时，胚轴伸长把子叶送出土面。子叶为肾形，光滑，无锯齿，有明显的叶柄，呈绿色，可进行光合作用。继子叶出土后，出现的第一对叶片称为初生叶或基生叶。初生叶长椭圆形，具羽状网状脉，叶缘有锯齿，叶表面有毛，有明显的叶柄，无托叶。初生叶对称，与子叶呈十字形，故此期称为"拉十字"。初生叶之后到球叶出现之前的子叶称为莲座叶。莲座叶为板状叶柄，有明显的叶翼，叶片宽大，皱褶，边缘波状。莲座叶基本上有3个叶环组成，每个叶环的叶片数因品种而异，早熟品种每环由5片叶子组成，中熟品种每环由8片叶子组成。莲座叶是大白菜主要的同化器官。莲座叶之后发生的叶片，向心抱合形成叶球，称为球叶。球叶数目因品种而异，一般早熟品种30～40片叶，晚熟品种60～80片叶。外层球叶呈绿色，内层球叶呈白色或淡黄色。球叶多褶皱，抱合，贮藏大量同化物资。生殖生长阶段，花茎上着生的叶片称为顶生叶或茎生叶。顶生叶是生殖生长时期绿色的同化叶，叶片较小，基部阔，先端尖，呈三角形，叶片抱茎而生，表面光滑、平展，叶缘锯齿少。随生长部位升高，叶片渐小。大白菜的叶型见图5-2。

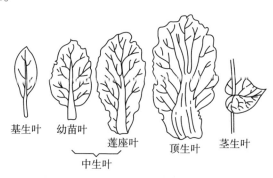

基生叶　幼苗叶　莲座叶　顶生叶　茎生叶

中生叶

图5-2　大白菜的叶型

（4）花　大白菜的花为复总状花序，完全花。由花梗、花托、花萼、花冠、雄蕊群和雌蕊组成。萼片4枚，绿色。花冠4枚，黄色，呈十字形排列。雄蕊6枚，4强2弱，花丝基部生有蜜腺。雌蕊1枚，位于花中央，子房上位。属异花授粉作物，自花授粉不亲和。

（5）果实、种子　大白菜的果实为长角果，喙先端呈圆锥形，形状细而长。受粉后30d左右种子成熟，成熟后果皮纵裂，种子易脱落。大白菜种子球形，红褐或褐色，少数黄色。千粒重2～3g，使用年限2～3年。

二、对环境条件的要求

（1）温度　大白菜是半耐寒性植物，其生长要求温和冷凉的气候。发芽期适宜温度为20～25℃；幼苗期对温度变化有较强的适应性，适宜温度为20～25℃，但可耐-2℃的低温，28℃左右的高温；莲座期要求较严格的温度，适宜范围为17～22℃。温度过高，莲座叶生长过快但不健壮，温度过低，则生长缓慢；结球期对温度的要求最严格，适宜温度为12～22℃，昼夜温差8～12℃为宜。大白菜叶球形成后，在较低温度下保持休眠，一般以0～2℃为最适。在-2℃以下易生冻害，高于5℃，呼吸作用旺盛，消耗养分过多。生殖生长阶段要求的温度较高，一般抽薹期的适宜温度为12～22℃，开花结果期为17～25℃。

（2）光照　大白菜需要中等强度的光照，其光合作用光的补偿点较低，适于密植。但植株过密，光照不足，则会造成叶片变黄，叶肉薄，叶片趋于直立生长，大幅度减产。

（3）水分　大白菜叶面积大，蒸腾耗水多，但根系较浅，不能充分利用土壤深层的水分。因此，生育期应供应充足的水分。幼苗期应经常浇水，保持土壤湿润，若土壤干旱，极易因高温干旱而发生病毒病；莲座期应适当控水，浇水过多易徒长，影响包心；结球期应大量浇水，保证球叶迅速生长，但结球后期应少浇水，以免叶球开裂和便于贮藏。

（4）土壤　大白菜对土壤的要求比较严格，以土层深厚、肥沃疏松、富含有机质的壤土和黏土为宜。适于中性偏酸的土壤。

三、生长发育特性

大白菜为二年生植物，但早春播种当年也可开花结籽，表现为一年生。大白菜的生长发育周期分为营养生长和生殖生长两阶段（图5-3）。

图5-3　大白菜生长发育周期

1—种子休眠期；2—发芽期；3—幼苗期；4—莲座期；

5—结球期；6—休眠期；7—抽薹期；8—结果期

（1）发芽期　从种子萌动至真叶显露，即"破心"为发芽期。在适宜的条件下需5~7d。发芽期的营养，主要靠种子子叶里的贮藏养分，子叶展开自行同化制造的养分很少。

（2）幼苗期　从真叶显露到第七至九片叶展开，亦即第一叶环形成，此期为幼苗期。此期结束的临界特征为叶丛呈圆盘状，俗称"团棵"。在适宜的条件下，需16～20d。

（3）莲座期　从团棵到第23～25片莲座叶全部展开并迅速扩大，形成主要同化器官。此期结束的临界特征为叶丛中心叶片出现抱合生长，俗称"卷心"。此期加上幼苗期形成的叶环共有3个，在适宜的温度条件下，早熟品种需15～20d，晚熟品种需25～28d；此期植株苗端逐渐向生殖转化，球叶分化相继停止。

（4）结球期　从心叶开始抱合，到叶球形成为结球期。此期可分为前、中、后三个分期。结球前期：莲座叶继续扩大，外层球叶生长迅速先形成叶球的轮廓，称为"抽筒"或"拉框"，此期约10～15d。结球中期：植株抽筒后，内层球叶迅速生长，以充实叶球内部，称为灌心，此期15～25d。结球后期：叶球继续缓慢生长至收获，需10～15d。结球期植株生长量最大，约占总植株生长量的70%。结球期长短因品种而异，早熟品种25～30d，中晚熟品种25～50d。

（5）抽薹孕蕾期　从开始抽薹至始花为抽薹孕蕾期。此期是新根系形成和花蕾分化、生长的时期，约需15d。

（6）开花结实期　从开始开花到果实、种子成熟为开花结实期。此期花枝不断抽生，茎生叶不断展出，花蕾不断长大并陆续开花、结实。后期果实陆续成熟，茎生叶陆续脱落，最后全株枯黄。

第二节　品种选择

一、品种类型

根据叶球形态和对气候的适应性分类。

（1）卵圆形（海洋性气候生态型）　叶球褶抱呈卵圆形，球叶数目较多。严格要求气候温和、湿润的环境，耐寒及耐热能力均较弱，也不耐旱，对水肥要求严格。代表品种有福山包头、胶州白菜、旅大小白根等。

（2）平头形（大陆性气候生态型）　叶球叠抱呈倒圆锥形，球叶较大而数目较少。适于阳光充足、昼夜温差大、气候温和的环境，对水肥要求严格，抗逆性较差。代表品种有洛阳包头、太原包头等。

（3）直筒形（交叉性气候生态型） 叶球拧抱呈细长圆筒形，球顶近于闭合。适应性强，水肥或气候条件较差时也能正常生长。代表品种有天津青麻叶、河北玉田抱尖等。

三种大白菜的叶球形态见图5-4。

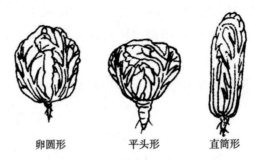

卵圆形　　　　平头形　　　　直筒形

图5-4　结球大白菜的三种基本球形

二、优良品种

有机大白菜的种子不能为转基因的，虽然转基因的种子生产的蔬菜产量较高，但不适用于有机蔬菜生产。品种选用应根据各地的食用习惯、当地的气候条件、栽培季节和茬口接替，选用生长期相当、抗病、丰产、耐贮藏的品种。

（1）春丰　植株外叶浓绿色，内叶黄色，圆筒形的春白菜。抗抽薹，定植后55~60d成熟，高温或低温结球力强，结球密实。植株紧凑，可以适当密植。易栽培，水分含量低，脆，商品性优秀。抗病性强，生长势旺盛，对霜霉病、软腐病等抗性强。

（2）春黄健　黄芯春白菜杂交品种，定植后60d左右收获。单球重3~4kg，商品性优秀。适合春保护地及高冷地栽培。

（3）亚洲春白菜　大棚栽培时，高冷地夏季栽培也容易。味道好，抗病性强，结球力优秀。外叶小，中肋薄，耐运输，球形大，商品性优秀。

（4）春黄王　长势强，外叶深绿色，播种后55~60d收获，单球重2.8kg左右。半包球圆筒形，结球密实，内叶颜色为黄色，水分含量高，口味好，抗病，高产，抽薹稳定。春季播种育苗时应保持在13℃以上。

（5）春黄贵　播种后60d可采收的春播黄芯白菜，圆筒形，单株重2.2~2.5kg。晚抽薹，外叶少，结球整齐密实，易栽培；低温下结球优秀，抗根腐病和霜霉病，春季播种育苗温度应保持在13℃以上。

（6）黄强 播种后60～65d可采收，球形叠抱圆筒形，平均单球重2.5kg。外叶浓绿，内叶鲜黄，品质超群。抗病毒病和干烧心，适收期长，春季播种育苗温度应保持在13℃上。

（7）胜春 从台湾省引进。耐寒耐湿，长势强，特耐抽薹，抗软腐病、霜霉病，干烧心性极强，容易栽培管理。定植后约60d成熟，单球重3kg左右。球形叠抱呈炮弹形，外叶深绿，内叶嫩黄，品质佳，商品性高，适合春秋两季及山露地栽培。

（8）希望白菜 从台湾省引进。植株生长强健，耐寒耐湿，耐抽薹，抗病性强，特抗根肿病、病毒病、霜霉病。球形叠抱呈圆筒形，外叶深绿，内叶偏黄，定植后55～65d采收，单球重2.5～3.5kg。结球力强，品质佳，商品性高。适于春、秋栽培。

（9）青杂50 植株较直立，外叶深绿色，叶面较皱，刺毛稀少，叶柄浅绿色，叶球炮弹形，浅绿色，舒心合抱，球内浅黄色，单球重1.3kg左右，播种后50d成熟，丰产。一般亩产叶球5000kg左右。抗病性强，风味品质好，耐贮运。

（10）青绿60 适宜春秋栽培。植株直立形，株高41cm，开展度75cm，外叶较深绿色，叶面较皱，叶柄较平，白绿色。叶球长圆筒形，合抱舒心，球高40cm，直径16cm，球内淡黄色，单球重2.8kg左右，播种后60d左右成熟，一般亩产叶球7000kg左右，整齐、丰产、一致性高。风味品质良好，高抗病毒病、霜霉病和软腐病，适应性广，耐贮运。

（11）夏力45 抗病、早熟、耐热、耐湿、丰产性好。一般定植后45d左右可收获，可耐36～38℃以上高温。结球紧实，外叶绿，叶柄白色，叶球倒圆锥形，单球重1.5kg左右，耐贮、耐运。全国各地均可种植。

（12）亚洲秋黄芯 外叶浓绿色，内叶黄色，味道好。球形短，为半包型，单球重约2.6kg的结球白菜。播种后65d左右收获，中生种。

（13）夏优白1号 叶片光滑无毛，有光泽，耐热耐湿，抗病性好。播种约48d收获，单球重1.2～1.5kg，口感品质优秀。适宜南方夏季早熟栽培。

（14）娃娃黄 春播，黄芯，亦适应高冷地栽培，定植后48d收获，单球重1.2kg，球高20cm，球径13～15cm。作娃娃菜种植，宜密植。

（15）娃娃白 春播定植后约45d上市，单球重1.5kg。作娃娃菜种植，宜密植。

（16）娃娃红　晚春或晚秋高冷地播种，红芯品种，生长期55d左右，单球重1.3kg。作娃娃菜种植，宜密植。

（17）冬后　小型迷你白菜，外叶包芯好，耐贮运，冬季大棚栽培时播种后55～65d收获，内部黄芯，外部深绿色，温度应保持在13℃以上，避免抽薹。

（18）亚洲迷你　黄极早生，晚抽薹，株形紧凑，外叶浓绿色，内叶黄色，叶数多，生长快，熟期短，早春栽培，育苗时保证最低温度在13℃以上。

（19）橘黄迷你　迷你型白菜，结球美观，外叶深绿，内部美丽，橘红色。比其他白菜品种含更多的维生素A。

第三节　栽培季节

中国各地大白菜均以秋季栽培为主。但是只要品种得当，条件适宜，春季或夏季也可栽培；中国南方亚热带地区还可秋冬栽培。春季栽培因前期低温，易使植株通过春化阶段，常常未形成叶球便先期抽薹；或已结球，而后期遇高温、阴雨引起叶球腐烂。欲使春季栽培成功，须选用冬性强、生长期短的品种，并采取保护设施育苗，适当增加密度，加强肥水管理和适期收获等措施。夏秋栽培，则须选用较耐热、抗病的早熟品种及相应的防病、防涝、防旱的管理措施。春季栽培的蔬菜要播种早熟品种，及早收获后，深耕土层，暴晒风化土层和消灭土壤中病菌及虫卵，秋茬栽培大白菜就可大大减少病虫害的发生，增加产量，提高经济效益。

一、春大白菜

春大白菜播种时气温偏低，对种子萌发、幼苗生长不利。播种过早，温度低，易通过春化提早抽薹开花，不能形成叶球，导致春季栽培失败。播种过晚，结球期温度高，雨水多，软腐病严重，难以形成叶球。因此，露地或地膜覆盖栽培适宜播种期，要求日平均气温达到10℃以上，以便在高温期到来之前形成叶球。当外界气温稳定在5℃时，可以采用小棚或冷床育苗移栽，苗龄30d左右；当外界气温稳定在10℃以上时及时定植，定植后加强田间管理，促进早活棵、早发苗、早结球，提高产量。

春大白菜栽培对技术要求相当严格，因此，解决早春低温及长日照引起的先期抽薹问题至关重要。要选用生长期短的早熟、耐低温、抗病、结球性好的品种进行栽培，在高温季节前形成叶球，同时要施足有机肥并适当追施速效肥，加强中耕除草，促进生长，使之迅速进入莲座期，加速叶球的形成。

二、夏大白菜

夏大白菜从播种到采收，均在温度较适宜的气候条件下生长，因此播种期比较长一些，播种时间也比较灵活一点。但是，夏大白菜在7～8月份供应市场，而此时正值高温多雨期间，特别是黄河以南广大地区雨水比较集中，对大白菜结球十分不利，病虫害也比较严重。因此，要根据所栽培的品种特征，确定适宜的栽培季节和播种期。

夏大白菜的播种时间比较灵活，夏大白菜的栽培目的是为了供应市场，以满足消费者对大白菜均衡供应的要求。可在5～6月份播种，7～8月份供应市场。

三、秋大白菜

随着育种事业的发展，一些耐寒、抗热的大白菜新品种相继被培育出来。其中秋冬大白菜是栽培面积最大、产量最高、品质最好的一茬大白菜。由于秋冬大白菜秋初播种，冬初收获，因而播种期要求相当严格。

在我国的华北北部、西北和东北北部，秋大白菜一般在7月中、下旬播种，10月中、下旬收获。东北南部和华北中南部及黄淮地区，一般在8月上旬播种，11月上、中旬收获。北方各地可根据当地的气候、品种、水肥条件和产品供应时间来确定本地的适宜播种期（表5-1）。

就一个地区来说，秋大白菜播种期是相当严格的，北方地区尤为突出。播种过早，气温高，降雨多，幼苗生长弱，根系发育不良，并易传染病虫害。又因高温条件下根系衰老快，而根系的衰老又会造成整个植株的早衰，使后期枯叶增多，贮藏时脱帮严重。播种过晚，生长日期不够，天气渐凉，光照不足，虽然病虫害减轻，但产品的产量和品质下降。

表5-1　主要地域大白菜秋季茬口安排

地　域	播种期	收获期
华北地区	8月上旬	11月上旬
东北及内蒙古、新疆地区	7月中下旬	10月下旬
长江中下游地区	8月下旬	12月至翌年3年
华南地区	9～11月	分批采收

四、越冬大白菜

我国地域广大，南北气候差异较大，适宜越冬大白菜的栽培范围较小。一般大白菜从播种到采收全生育期较长，结球期遇到低温或霜冻天气不利于结球，甚至因严重冻害而死亡，因此，种植越冬大白菜要根据当地的自然环境、气候特点考虑栽培与否。适应越冬大白菜栽培或10月初栽培地区为福建南部，广东、广西、云南、海南等省（自治区），这些地区一般在9月中旬或10月初播种，年底或翌年1～2月份采收上市，并通过流通环节调运全国各地，供应当地市场。要采用水稻和大白菜轮作方法，水稻收割后播种一茬大白菜，大白菜收后再种其他作物，既调整了农业生产的结构，增加了农民收入，又丰富了全国各地市场大白菜的供应，满足人民生活的需求，具有十分重要的社会意义。

第四节　育苗

一、营养土要求

1. 苗床育苗

选土壤肥沃疏松，通风良好，未种植过大白菜的地块作育苗畦。结合整地每亩施入有机肥2000kg，适时早耕地，耕深25cm左右，精细整地，疏松土壤，开沟作高畦，畦宽1.5～2.0m，栽培每亩大白菜需要育苗床30～35m^2。

2. 养土块（钵）育苗

营养土块遮阳育苗，即用腐熟的厩肥1份、黏土2份、沙土0.5份、1000kg营养土中加过磷酸钙或骨粉2～3kg，充分混合均匀。

二、床土消毒

每1000kg营养土，用40%的福尔马林250g，兑水60kg喷洒拌匀后堆放，用塑料薄膜覆盖24h，揭开薄膜10～15d即可播种。

三、种子处理

用温汤浸种法，用50～55℃水浸种25min，搅拌降温至30℃，再浸泡2～3h，待种子充分吸足水分后，捞出晾干后播种；也可用0.1%～0.3%的高锰酸钾浸泡

2h，用清水漂洗晾干后播种。

四、播种

大白菜生长最适宜的温度是15～18℃，秋季在立秋前后播种最适宜，播种深度为0.6～1cm，播种量为100～150g，可采用条播或穴播两种方法。播前苗床先浇水，等水渗下后即可播种。如进行切块定植，则在床面水渗下后可以采取撒播法，每1m²床面播种了2～3g。播种后，撒盖0.8～1cm厚的细土。

五、苗期管理

（1）温湿度管理　苗期注意控制土壤湿度及温度，土壤持水量在60％左右，适宜温度15～20℃。避免湿度过大幼苗发生病害。及时观察土壤的湿度，防止过度干旱，造成幼苗老化。幼苗3叶1心或4叶1心时，各间苗1次，去除弱苗、病苗。大白菜幼芽出土后，最忌强烈日晒，土表温度过高。可在沟底浇小水补充水分降温或遮阳降温，避免高温干燥，防止蚜虫繁殖，从而防止病毒病。

（2）定植　早间苗，晚定苗，适时蹲苗。一般5～6片真叶时定植，株行距为（40～50）cm×（60～70）cm，合理密植，提高单株产量，是大白菜增产的关键操作技术之一。

第五节　定植

一、土壤消毒与地块选择

1. 土壤消毒

前茬收获后及时清除残茬枯叶及田间、四周杂草，提前翻晒。每亩施入100～150kg生石灰并在耕作层内混匀，以消灭病菌，增加土壤钙质。

2. 地块选择

有机大白菜生产基地的选择要远离工矿、医院、交通要道及没有任何污染源，大气、水源、土壤及周围环境条件都符合有机蔬菜的生产标准，经过环境监测部门进行严格的环境检测和科学的评估。栽培田要求土层深厚，天然肥沃，经过休养、净化，即2～3年内未施用过化肥、农药，主要以有机肥施入为主。大白菜对土壤的适应性较强，但以土层深厚肥沃的壤土、沙壤或轻黏壤土栽培为宜。

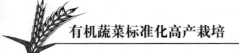

二、基肥

施足底肥，农家粪肥要经过高温50～60℃堆制5～7d，以充分腐熟杀死病虫卵及杂草种子。农作物的秸秆通过沼气池发酵余下的渣子也可以做底肥。有机肥使用时要保证用量充足，否则由于有机肥本身氮、磷、钾含量低，加之用量少，有机蔬菜不可避免地会出现缺肥症状。一般每亩施腐熟的粪肥4000～5000kg、生物有机肥100～150kg，在整地时，均匀混入土壤中。

第六节　田间管理

一、温度管理

大白菜要求冷凉、晴朗的自然条件，但不同的变种、类型以及品种，对生活条件的要求有一定差异。大白菜是半耐寒性蔬菜，要求有相当严格的温度和气候条件。大白菜生性喜温和的气候，种子在8～10℃时即可发芽，在20～25℃时发芽迅速而健壮，生长期间的适温为10～22℃（外叶生长期为18～22℃，心叶生长期为12～16℃）。当温度达到25℃以上时生长不良，30℃以上则不能适应，10℃以下时生长缓慢，5℃以下则受冻害。大白菜能耐-2～0℃低温，短时-2～-5℃低温可恢复生长，长时间-5℃低温受冻害，所以-5℃为大白菜收获的临界温度。白菜在高山地区从播种到收获所需天数多少，与温度呈反相关，即生长过程处于较高温度条件下，生长期短，反之则长。如抗病春王，5月中旬播种生长期为85d左右，6月中旬播种生长期为75d左右，7月上旬播种生长期为80d左右。大白菜一般在2～13℃经10～25d通过春化形成花芽而抽薹开花，因此春季苗床最低温度宜掌握在15℃以上，定植后要尽量避开10℃以下的低温。夏季高温期要注意遮阳降温育苗，注意浇水降温保苗。

二、水分管理

大白菜不同的生长时期对水分的需求有所不同，发芽期根系细弱，吸收水分能力差，要求较高的土壤湿度，土壤相对湿度一般应达到85%～95%。幼苗期土壤湿度保持在80%～90%，如遇高温干旱，应注意勤浇、轻浇水，及时中耕保墒。莲座期叶面积迅速增大，蒸腾量随之剧增，需水量相应增加。土壤湿度以75%～85%为宜，结球期需水量最大，土壤湿度保持85%～90%，水分不足则结球时间推迟，并且容易诱发病毒病和干烧心。

1. 春大白菜

生长期短，不宜蹲苗，要肥水猛攻，一促到底。除施足基肥外，追肥应尽早进行，缓苗后追肥，莲座初期结合浇水重施包心肥，此期采用0.2%的磷酸二氢钾叶面喷肥2～3次，有利于叶片生长和叶球形成。结球中后期不必追肥。大白菜浇水要小水勤浇，保持地面见干见湿，防止大水漫灌。整个生育期只需浇水4～5次，选择在清晨或者傍晚进行。如直播应结合浇水施肥，及时进行中耕锄草，中耕时要细心，防止机械损伤作物。

2. 夏季大白菜

夏季温度高，应始终保持土壤湿润，严防土壤干湿不均，在高温、干旱天气，应加大浇水量，降雨时或雨后应及时排水，以防田间积水。夏大白菜包心前10～15d浇1次透水，中耕蹲苗。在浇蹲苗水后，再追1次壮心肥。结球期要注意保持土壤水分，地表发白要及时浇水，结合浇水追施速效粪肥。一般在结球初期和结球中期，应各施一次磷酸二氢钾和沤制腐熟的花生饼，每次每株施15～20g，用清水或沤制腐熟的粪水淋施。结球期，应保持水分均匀，充足供应，切忌时多时少，时干时湿，以保持土壤湿润为宜，一般早、晚各淋1次清水，以每次每株1～1.5kg为宜。切忌中午或下午1～2点高温烈日一次间苗，每穴留苗3～4株。幼苗6～8片叶时定苗，定苗宜在下午进行。

3. 秋季大白菜

可结合追肥进行浇水，第一次追肥在定苗后，开始结球后第二次追肥，进入莲座期后要补充大量水分，每隔7～8d浇1次水，进入结球期一般每隔5～6d浇1次水，收获前8d停止浇水。

三、光照管理

白菜的光合作用与光照强度有密切关系。在一般情况下，白菜生长期内日照直射光的强度可以满足生长的需要。但是莲座叶的层次很多，中下层叶片接受的多为散射光，光合作用明显减弱。不过中下层叶片因为长期生长于弱光下，对弱

光有一定的适应性，为合理密植创造了条件。

光照的强度与白菜外叶的开展和直立性以及叶球的形成有一定的关系。强光使叶片开展，弱光使叶片直立。弱光条件下正好相反，叶向上直立。老叶对光的反应迟钝，故多开展，新叶反应灵敏，故多直立。莲座中心的外层球叶受光较弱，趋向于直立。球内层的叶受光更弱或不能受光，故而内卷而形成叶球。

四、施肥

禁止使用化学肥料，施用有机粪肥和经过有机认证机构认可的生物有机肥料，既可满足蔬菜生长发育的需要，又可使蔬菜保持原有的风味，还可降低投入，改良土壤环境，培肥地力。

1. 播种前施肥

播种前要施足底肥，农家粪肥要经过高温50～60℃堆制5～7d，以充分腐熟杀死病虫卵及杂草种子。农作物的秸秆通过沼气池发酵余下的渣子也可以做底肥。有机肥使用时要保证用量充足。一般每亩666.7m^2，施腐熟的粪肥4000～5000kg、生物有机肥100～150kg，在整地时，将肥料均匀地混入耕作层内，以利于根系吸收。

2. 发芽期施肥

实行小水勤浇，施少量生物有机肥，可追施已发酵好的饼肥，防止烧根。

3. 幼苗期施肥

幼苗期应适时间苗、中耕，结合灌水施足苗肥，一般施腐熟稀薄的粪肥。保证苗壮，提高抗病力。

4. 莲座期施肥

在"团棵"时，追施生物有机肥或追施粪肥，称为"发棵肥"，结合用沼气液100～200倍液或木醋液200～300倍液进行叶面追肥。加强灌溉，保证莲座叶迅速而健壮生长，提高光合作用，促进球叶分化和包心。

5. 结球期施肥

补充施肥，土壤中每亩追施粪肥1000～1500kg，混施生物有机肥或腐熟豆粕、香油渣50kg，同时叶面喷施沼气液和木醋液，每周一次，连续3～4次。适当加大浇水量，以促进叶球的生长和充实。叶球生长坚实后，应停止浇水，防止因水过多，使叶球分裂，引起腐烂，降低农产品质量和产量。

第七节 主要病虫害防治

一、病害防治

可以用石灰、波尔多液防治蔬菜多种病害；允许有限制地使用含铜的材料，如硫酸铜来防治蔬菜真菌性病害；可以用抑制作物真菌病害的软皂、植物制剂、醋等防治蔬菜真菌性病害；高锰酸钾是一种很好的杀菌剂，能防治多种病害；允许使用微生物及其发酵产品防治蔬菜病害。

1. 病毒病

大白菜病毒病又叫孤丁病、花叶病、抽风病，是大白菜主要病害之一。目前，防治病毒病的药剂虽然研制了不少，但效果都不太明显。因此，对大白菜病毒病，还应采取预防为主、综合防治的方法。

（1）症状特点 苗期发病，心叶叶脉失绿，叶片出现深浅不均的绿色斑驳或花叶。成株期发病，叶片严重皱缩，质硬而脆，常生许多褐色、稍凹陷、坏死条状斑，植株明显矮化畸形，不结球或结球松散，失去食用价值（图5-5）。

图5-5 大白菜病毒病

（2）防治方法

①选择抗病品种并进行种子消毒（用0.1%高锰酸钾）。

②农业防治要加强田间管理，避免发芽期高温影响，苗床育苗采用遮阳降温或套种，幼苗期及时拔除病苗，合理浇水降地温也可减少病毒病。

③及时防治蚜虫，因为蚜虫传播病毒。

④药物防治时用1：0.5：（160～200）的波尔多液喷洒中心病株，或0.1%的高锰酸钾加0.3%木醋液防治。

2. 软腐病

（1）症状特点　多在莲座末期开始发病。病株首先在短缩茎（俗称"葫芦"）处出现水浸状微黄色病斑，开始外观症状不明显，但随病情发展，白天植株外部叶片开始萎蔫下垂，日落后尚能恢复正常，经过几天的反复，萎蔫的外叶便不能再恢复而露出叶球。发病严重的，叶球基部"葫芦"腐烂，并散发出恶臭气味，叶球脱落，病菌有时也能从叶柄基部或叶球顶部伤口侵入，引起单个叶片或叶球自上而下腐烂（图5-6）。带菌病株贮藏期间，病情仍可发展，引起腐烂。

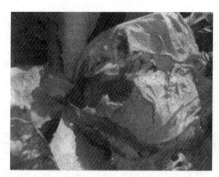

图5-6　大白菜软腐病

（2）防治方法

①选用抗病品种　抗病品种是防病丰产的基础。一般青帮品种较白帮品种抗病。

②合理轮作，施足基肥　病害连年较重的地块，应避免与十字花科、茄科类蔬菜连作，以减少土壤中病原基数，种菜前应将田间前茬作物残枝落叶（尤其是常年菜田）清理干净，并施足充分腐熟的有机肥料，一般每公顷要求施7.5×10^4kg以上，草木灰1500～1800kg，以促进植株健壮生长，提高抗病能力。

③高垄或高畦栽培　传统的平畦栽培大白菜，不利于通风透光，而且在降雨和浇水时，大白菜"葫芦"和叶柄易浸在水里，为软腐病提供适宜的发生条件，因此，应改平畦栽培为小高垄或高畦栽培。大雨后还要及时排涝。

④加强田间管理　在施足基肥的基础上，还要加强整个生长期的肥水管理。

对适期晚播的大白菜，一般不再蹲苗，应肥水猛促，一促到底。田间始终保持见干见湿的状态，防止旱涝不匀。大白菜中耕、追肥、施药等应于封垄之前完成，避免封垄后操作造成大量伤口。

发现田间病株及早拔除并用适量的石灰或1∶0.5∶（160～200）波尔多液喷洒中心病株消毒。

3. 霜霉病

（1）症状特点　苗期及成株期或种株开花期主要为害叶片，茎部、花梗，种荚亦可受害。叶片染病，初生边缘不甚明晰的水渍状褪绿斑，后病斑扩大，因受叶脉限制而呈多角形黄褐色病斑，叶背面则生白色稀疏霉层，湿度大时霉层更为明显，即为本病病征（病菌孢囊梗和孢子囊）（图5-7）。病情进一步发展时，多角形斑常发展成大斑块，终致叶片变褐干

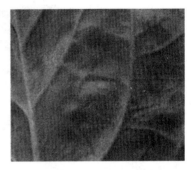

图5-7　大白菜霜霉病

枯。留种株茎部、花梗和种荚染病，因受病菌的刺激而表现出生长过旺病状，患部呈肥肿弯曲畸形。如并发白锈病，则茎部和花梗肥肿弯曲畸形更为明显，菜农俗称之为"龙头拐"。被害荚果歪扭，表面现黑褐色坏死斑，致荚果空瘪不实或半实。湿度大时荚果、茎、花梗患部亦出现白色稀疏霉层病征。

（2）防治方法

①选择抗病品种并用0.1%～0.3%高锰酸钾对种子进行消毒。

②实行2年以上轮作，前茬收获后及时清除病叶，深翻土层，达到防病目的。

③合理密植，早间苗，晚定苗，适期蹲苗，及时拔除病苗。浇水时防止大水漫灌。

④药物防治：适量的石灰或1∶0.5∶（160～200）波尔多液喷洒中心病株消毒；可用农用链霉素药液防治。

4. 炭疽病

（1）症状特点　炭疽主要发生于叶和叶柄上，留种株的花梗、果荚也常受害。叶片染病，始为褪绿的圆形斑，水渍状，直径1～2mm。病斑扩大后，中央灰褐色稍凹陷，周围褐色稍隆起。后期病部中央灰白色，变薄呈半透明状，易破裂穿孔。病害侵害叶背，多在叶脉处，呈凹陷的条状斑。叶柄被害，病斑梭形或

长圆形，浅褐色凹陷，有时病部开裂，易被细菌感染，导致腐烂。病情严重时，整叶布满病斑，互连成片，成不规则形大斑，致全叶枯死（图5-8）。

图5-8　大白菜炭疽病

（2）防治方法

①消毒子种　用50℃温水浸种15min，凉水冲洗后晾干播种。

②轮作　与非十字花科蔬菜实行1～2年轮作。

③加强栽培管理　适时播种，高垄短肩栽培；收获后清洁土地，清除病残体等。

④药物防治　对炭疽病的叶部病害，用200倍液喷雾，发病率达5%～10%时开始施药，隔10～15d再喷一次。若发病严重，隔7～8d喷一次，并增加喷药次数。

5. 根肿病

（1）症状特点　大白菜受该病为害后，病株地下部主根和侧根形成大小不等的肿瘤（图5-9）。地上部生长缓慢，叶片变黄萎蔫，呈失水状，严重时，植株枯死。该病是由云薹根肿菌寄生引起的真菌性病害。病菌休眠孢子囊在病根残留物或未腐熟的农家肥中越冬、越夏，休眠孢子在适宜条件下萌发，侵入寄主进行扩展蔓延，病菌借助雨水、灌溉水和农具等传播。孢子萌发最适温度为19～25℃，土壤含水量50%～90%、pH值5.4～6.6，有利根肿病的发生与为害。土壤干燥或pH值7.7以上，很少发生根肿病。

图5-9　大白菜根肿病

（2）防治方法

①选用抗病品种，培育无病壮苗。高山大白菜根肿病逐年严重，春秋季种

植，应选用大丰一号、新丰一号等抗根肿病品种；夏季种植，宜选用抗热的珍宝和热宝等品种。采用营养杯和营养块育苗，减轻根肿病、病毒病和软腐病的发生。育苗营养土配制：按新园土8份、有机肥2份的比例配制。

②实行轮作。深翻晒白与非十字花科作物轮作3年以上，能与水稻轮作更好。冬季深翻土30cm，晒白风化，夏季在第一茬大白菜收获结束时，进行翻晒土壤，均能减轻病虫害的发生程度。

③土壤消毒、覆盖地膜。在定植前7~10d，每亩撒熟石灰100kg于土表，然后耙地做畦，调节土壤酸碱度至弱酸性，可抑制根肿病菌。种植前覆盖黑色地膜，控制杂草生长，防止土壤病菌侵染，减轻病害发生。

6. 干烧心病

（1）症状特点　一般于白菜莲座期开始发生，幼嫩叶片表现干边，到结球期症状明显，叶片上部逐渐变干、黄化，叶肉呈干纸状，叶脉黄褐至暗黑色，发病部位主要在叶球中部（图5-10）。该病属生理性病害，主要因缺少钙、锰营养元素引起。

（2）防治方法

①增施有机肥。在白菜幼苗期、莲座期或包心期前用0.7%硫酸锰加绿芬威3号喷雾。

②选用72%农用链霉素可溶性粉剂或新植霉素3000~4000倍液交替喷雾，每隔7~10d喷1次，连喷2~3次。喷药时以轻病株及其周围植株为重点，着重喷施接近地表的叶柄及根茎部。

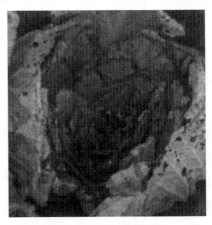

图5-10　大白菜干烧心病

二、虫害防治

提倡通过释放寄生性、捕食性天敌（如赤眼蜂、瓢虫等）来防治虫害；允许使用植物性杀虫剂或当地生长的植物提取剂（如大蒜、薄荷、鱼腥草的提取液）等防治虫害；可以在诱捕器和散发器皿中使用性诱剂（如糖醋诱虫），允许使用视觉性（如黄黏板）和物理性捕虫设施（如防虫网）防治虫害，利用一定孔径的防虫网阻隔害虫入侵是比较好的方法；可以有限制地使用鱼藤酮、植物源除虫菊酯、乳化植物油和硅藻土来杀虫；允许有限制地使用微生物及其制剂，如杀螟杆菌、Bt制剂等。

1. 蚜虫和白粉虱

（1）为害特点 以成虫和若虫吸食大白菜汁液，导致被害叶褪绿、变黄、萎蔫，甚至全株枯死（图5-11和图5-12）。分泌的蜜露严重污染叶片，引起霉污病发生，使白菜失去食用价值。另外，还可传播病毒病。

图5-11　大白菜蚜虫

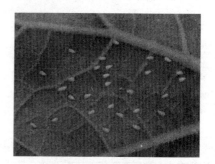

图5-12　大白菜白粉虱

（2）防治方法

①采用保护天敌，如瓢虫、赤眼蜂等，可杀蚜虫。

②挂黄板或黄皿诱杀或用银灰膜驱避。

③喷洒0.3%百草一号植物杀虫剂1000~1500倍液，或0.3%苦参碱植物杀虫剂1500~2000倍液防治；或用烟草水杀虫（烟草0.5kg+石灰0.5kg+水20~25L密闭，浸泡24h，叶面喷雾）。

2. 菜青虫、甜菜夜蛾和小菜蛾

（1）为害特点 菜青虫、甜菜夜蛾和小菜蛾均以幼虫食叶为害。菜青虫3龄后可蚕食整个叶片，为害重的仅剩叶脉，严重影响白菜生长和包心，造成减产（图5-13）。甜菜夜蛾主要以初孵幼虫群集叶背吐丝结网，在其内取食叶肉，留下表皮成透明的小孔，4龄以后食量大增，将叶片吃成孔洞或缺刻，严重时仅剩叶脉和叶柄，对产量和品质影响较大（图5-14）。小菜蛾可将菜叶吃成孔洞和缺刻，严重时全叶吃成网状，在苗期常集中心叶为害，影响白菜包心（图5-15）。

图5-13　大白菜菜青虫

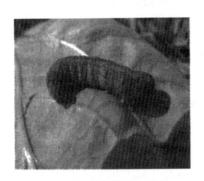

图5-14　大白菜甜菜夜蛾

图5-15　大白菜小菜蛾

（2）防治方法

①利用天敌金小蜂、赤眼蜂、黄绒茧蜂等杀灭。

②用性诱剂诱杀。利用害虫的趋光性，在田间每2.67～3.33hm²地块设置1盏频振式杀虫灯诱杀害虫；也可利用甜菜夜蛾、小菜蛾等对性信息素的趋性，在田间每亩地块放置1套性诱剂诱杀害虫。

③药物防治。用0.3%苦参碱植物杀虫剂1500～2000倍液防治，可在害虫低龄期用生物制剂Bt 250～500倍液喷雾防治。

3. 黄条跳甲

（1）为害特点　成虫食叶，以幼苗期为害最严重。可将叶片咬成许多小孔，严重时，叶片成筛网状；刚出苗的幼苗子叶被害后，整株死亡，造成缺苗断垄（图5-16）。成虫也为害种株花蕾和嫩种荚。幼虫只食菜根，蛀食根皮，咬断须根，造成植株萎蔫甚至死亡。

（2）防治方法

①播种前深耕晒土，改变其幼虫在地里的环境条件，不利其生活，且兼有灭蛹作用。

图5-16　大白菜黄条跳甲

②加强田间检查，如发现有虫，即用烟草粉0.5kg加草木灰1.5kg混合均匀后，清晨撒于叶面。

③用0.3%苦参碱植物杀虫剂1500～2000倍液防治。

第六章　有机番茄栽培技术

　　番茄是茄科（Solanaceae）番茄属中以成熟多汁浆果为产品、全株生黏质腺毛、有强烈气味的草本植物。别名：西红柿、番柿、柿子等。番茄原产于南美洲的秘鲁、厄瓜多尔和玻利维亚。其普通番茄变种（*L.esculentum var.commune* Bailey）在哥伦布发现新大陆前就已在墨西哥及中美洲发展起来，到16世纪传入欧洲，美国直到1781年才有番茄的记录。番茄在中国最早见于明·朱国桢《涌幢小品》（17世纪前期）。清·汪灏《广群芳谱》（1708）的果谱附录中有"蕃柿"的记载。番茄起初被当做观赏植物，大约到20世纪30年代才开始有种植并供应市场。到20世纪50年代初栽培番茄在中国才迅速发展起来。

　　番茄是世界年总产量最高的30种农作物之一。由于其具有适应性强，栽培容易、产量高、营养丰富、用途广泛等优点，所以番茄栽培发展迅速，成为中国各地主要蔬菜之一。

第一节　生物学特性

一、植物学特征

1. 根

　　番茄为一年生草本植物，具有深而强分枝的根系，栽培经过移栽后，主根被截断，能产生许多侧根，大多数的侧根分布在表土30cm深左右，而横的扩展可达0.7~1.0m，到植株成熟时，可达1.3~1.7m。根系实际的深度除与土壤及气候条件有关外，还与肥水管理、栽植密度及整枝技术有关，单干整枝比不整枝的根群要小得多（图6-1）。

图6-1　番茄形态图

2. 茎

番茄的茎基部带木质，易生不定根，因此可利用扦插繁殖。茎的生长习性可分为两大类，即直立类型和蔓生类型。直立类型的品种茎干粗壮，节间短，枝丛密集，但一般果小，品质差。蔓生类型的品种节间长，茎较软，叶较稀疏，呈半匍匐生长状态，需要搭架栽培。番茄的茎分枝性强，叶腋内的芽可抽生侧枝，侧芽也可生长新的侧枝及开花结果。

番茄茎的分枝形式为合轴分枝（假轴分枝），茎端形成花芽，按照其花穗着生的位置及主轴生长特性，可分为两大类。

（1）有限生长型　自主茎生长6~8片真叶后，开始着生第1个花穗，以后每隔1~2片叶着生1个花穗（有些品种可以连续每节着生花穗），但在主茎着生2~3个花穗后，花穗下的侧芽变成花芽，故假轴不再伸长自行封顶，叶腋或花穗下部抽生侧枝生长1~2个花穗后，顶端又变成花芽而封顶，故称有限生长，或称自封顶。这一类型的植株较矮小，开花结果早而集中，供应期较短，早期产量较高，大多数早熟，宜作露地简易支架密植栽培或无支架栽培、小棚栽培或大棚双层覆盖栽培。

（2）无限生长型　在茎端分化第1个花穗后，花穗下的一个侧芽生长成强盛的侧枝代替主茎，第2个穗及以后每个穗的一侧芽也都如此，其茎能不断向上生长，成为合轴（假轴），生长高度不受限制。多数品种在主茎生长7~9片叶后，开始着生第1个花穗（晚熟品种第10~12片真叶后着生第1个花穗）。以后每隔2~3片叶着生一个花穗。因此，这一类型的植株高大，开花结果期长，总产量高，果实采收期长，宜作露地栽培或温室生长期栽培。

3. 叶

番茄的叶为羽状复叶或羽状深裂复叶，互生，每叶有小叶5~9片，小叶卵形或椭圆形，边缘有深裂或浅裂的不规则锯齿或裂片。番茄的叶型主要有3种。

（1）普通叶型（又称裂叶型、花叶型）　叶片大，小叶之间距离大，缺刻深，绝大多数品种属于这一类型。

（2）皱缩叶型　叶片较短、宽厚，叶面多皱缩，小叶之间排列较紧密，色深绿，直立形品种多属于这一类型。

（3）大叶型（又称薯叶型）　叶片大，小叶少，叶缘无缺刻，似马铃薯叶型。

4. 花

番茄的花是两性花。萼片和花瓣数相同，通常为6枚，也有7~9枚的；雄蕊5~6枚或更多，围绕花柱联合成筒状，称为药筒。花药成熟后在药囊内侧中心线两侧纵裂，从中散出花粉。雌蕊由柱头、花柱、子房组成，由于雌蕊位于药筒的中央，所以易于保持自花授粉，但也有0.5%～4%的异花授粉率。花梗着生于花穗上，大多数品种花梗的中部有凸起的节，节中间有明显的环状凹陷部分，当果实成熟时就从这里断开，称之为"离层"，少数品种无"离层"。番茄的花穗有总状花穗、复总状花穗及不规则而多分歧的复花穗，一个花穗有6～10朵花，小果品种花数更多。

5. 果实

番茄的果实是一种多汁的浆果，食用部分（通称"果肉"）包括果皮、心室的隔壁及胎座组织。优良的品种要求果肉厚、种子腔小。果实形状有扁柿形、桃形、苹果形、牛心形、李形、梨形、樱桃形等，按果形指数可分为扁圆（果形指数在 0.7以下）、微扁圆（果形指数0.71～0.85）、圆（果形指数0.85～1.00）和高圆到长圆（果形指数1.01以上）。果实的大小相差很大，野生番茄重仅1～3g，在栽培品种中，加工类番茄一般为50～100g，鲜食番茄70～250g，个别甚至达400～600g。一般100g以下称为小果，100～150g为中果，150g以上为大果。果实的外观颜色，由果实表皮颜色与果肉的颜色相衬而成。果实的表皮可以是无色，也可以是黄色或红色。如果黄色皮与红色果肉组合则成熟果呈大红色，而无色皮与红色果肉组合则呈粉红色；黄色皮与黄色果肉组合形成深黄色，而无色皮与黄色果肉组合则形成淡黄色果实；黄色皮与橙色肉组合形成深橙黄色，无色皮与橙色肉组合则呈淡橙黄色。番茄的红色，由于果实含有大量茄红素及胡萝卜素而成，黄色的果实不含茄红素，而只含各种胡萝卜素及叶黄素。番茄果实心室数变化也大，小果型品种一般有2～3个，中果型品种有3～6个，大果型品种的心室数较多。

6. 种子

番茄种子呈扁圆卵形，颜色为灰黄色和淡黄白色，种皮有茸毛。千粒重约3g。在种子含水量为8%以下及气温0℃的干燥密闭环境中可保存10年。

二、对环境条件的要求

（1）温度　番茄是一种喜温蔬菜，但对温度的要求因生育期而有所不同。种子发芽的最低温度为11℃，最适气温为20～30℃，最适地温为25℃，12℃以下易造成"烂籽"，气温在35～40℃时发芽不良。番茄苗期一般在20～25℃下生长发育良好，低于10℃便停止生长，长时间处于5℃以下即出现"冷害"现象，遇-2 ~ -1℃即可冻死，而高于35℃也生长不良，遇45℃以上高温则引起生理干旱致死。一定的温差对番茄的生长是十分重要的，通常以昼温25 ~ 28℃、夜温13 ~ 17℃为宜。如果夜温在30℃以上，虽能促进生长发育速度，但因被输送到生长部分的同化物质量减少，致使茎叶生长软弱、徒长，花药发育不良，不容易坐果。

温度与番茄苗期花芽分化的关系很大。温度的高低不仅影响到花芽分化的时期，同时也影响到开花的数量及质量，从而也影响到果实的数量及质量。从播种到第1花穗花芽分化，大致积温为600℃；到第2花穗花芽分化，积温为850 ~ 970℃；从花芽分化到开花的积温，大致为1000℃。在高温条件下，育苗期短，花芽分化虽然较早，但分化停止亦早，数目少，着花节位高，花的质量受到影响；而在较低温度条件下，虽然苗龄稍长，但其花芽分化的数量多，花较大，着花率也高。

温度与番茄授粉受精和果实发育关系密切。番茄花粉发芽的最佳温度是21℃，最低是15℃，最高是35℃。番茄坐果的最适温度为15 ~ 20℃。开花前5 ~ 9d、开花后2 ~ 3d，温度低于15℃或高于35℃，都不利于花期的正常发育及开花，导致形成畸形花、畸形果或者落花。苗期夜温对番茄畸形果发生有极显著的影响：6℃夜温区比12℃夜温区的畸形果发生率高1倍以上，12℃夜温区仅比18℃夜温区的畸形果发生率略有提高（表6-1）。在结果期，适宜的昼温为25 ~ 28℃，夜温12 ~ 17℃。结果期温度低，果实生长速度慢，但如温度增高到30 ~ 35℃时，果实生长速度虽快，但坐果数少。在果实进入成熟着色时，温度如高于30℃，会抑制茄红素及其他色素的形成，影响果实正常着色。

表6-1　不同夜温处理番茄苗畸形果发生率差异

处理	第1果穗			第2果穗	全株平均		
	发生率/%	显著水平		发生率/%	发生率/%	显著水平	
		0.05	0.01			0.05	0.01
6℃	60.71	a	A	16.15	41.28	a	A
12℃	28.45	b	B	10.00	19.37	b	B
18℃	26.09	b	B	6.77	17.35	b	B
F值	23.2670			2.1991	36.3807		

注：$F_{0.05}$=6.94，$F_{0.01}$=19.00。

（2）光照　光周期的长短对于番茄的发育虽然不是一个重要的影响因子，但光照强度对番茄的生长、发育则有较大的影响。阳光充足，则光合作用旺盛，花芽分化比较早，第1花穗着生位置也低，不容易落花，因而早期产量比较高。当然，如果每天的光照时间过短，即使光照并不很弱，也会影响生长和产量。番茄营养生长最适宜的日照长度为16h，多数品种在11～13h日照、30000～35000lx的光照强度下就能正常生长发育，开花较早。如果日照超过16h以上，苗的发育反而变劣，花芽分化晚，花芽数也少。

（3）水分　番茄根系比较发达，吸水力较强，因此对水分的要求表现为半耐旱蔬菜。番茄不同的生长发育时期对水分要求不完全相同。种子发芽，土壤含水量应保持在11%～18%，土壤湿度应为土壤最大持水量的80%，出苗后可降至60%～70%。在营养生长期，土壤的最适湿度为50%～55%，空气相对湿度只要保持45%～50%就可以了。开花以后，番茄吸水量急剧增加，到果实肥大期，每天每株要吸收1L以上的水分。特别是第1、第2花穗结果期间，如土壤水分及钙含量不足时，易发生脐腐病。果实发育后期，土壤干湿不匀，或雨水过多，容易造成裂果。

（4）土壤及矿物质营养　番茄对土壤条件要求不太严格，以土层较厚、排水良好、富含有机质的肥沃壤土为适，pH值6～7为宜。对营养物质的要求以氮素最多，在全生育期都需充足供给氮素。对磷肥的吸收量虽不多，但对根系及果实发育作用显著。对钾的吸收量最大，尤其在果实迅速膨大期，对钾的吸收量呈直线上升。番茄对钙的吸收量也很大，缺钙时番茄易得脐腐病及引起生长点坏死。

三、生长发育特性

番茄的生育周期包括：发芽期、幼苗期、开花坐果期和结果期。

（1）发芽期　从种子萌发到子叶充分展开为番茄的发芽期。发芽期生长所需的营养依靠种子本身贮藏的养分转化，只要满足种子萌发的水分、温度（25～28℃）和氧气条件，经历水分吸收→发根→斗发芽（伸出子叶）→子叶展开等过程，即可完成。一般需3～5d。

（2）幼苗期　真叶始出（俗称"吐心"）到第1花穗现蕾的时期为幼苗期。此期基本为营养生长阶段，但当幼苗分化出5片（自封顶型）至8片（非自封顶型）真叶，其中有2～3片叶充分展开时，形成茎、叶的生长点就开始花芽原基的分化。此后，茎叶的营养生长和形成花芽的生殖生长就周期性地进行，在正常情况下幼苗期需40～50d。

（3）开花坐果期　从第1花穗开花到第1花穗果实膨大前期（果实长到核桃般大小）为开花坐果期。此期时间不长，春季露地番茄一般为20～30d，正处于定植后"蹲苗期"。在外部形态上，一般是第1花穗开花、坐果，第2花穗开花，第3花穗现蕾。开花坐果期虽然仍以营养生长为主，但却是番茄从营养生长为主向生殖生长与营养生长同步发展的转折期。番茄的第1花穗一般着生在第7～9叶之间（无限生长型品种），第1花穗的第1花于播种后约59d、花芽分化后约30d、真叶10片展开时开花。在15～33℃的范围内，开花后约2d，授粉、受精过程完成，开始结果。在开花坐果期，如营养生长过盛，茎、叶徒长，会导致开花推迟，花穗萎缩、落花，不坐果或幼果不膨大等。但如果营养生长过弱，则又会引起花穗过小，花朵不能正常开放，落花落果。因此，在栽培管理上应注意定植后不能过于"蹲苗"，同时应用肥水管理、整枝等措施调节好秧、果关系。

（4）结果期　自第1穗果实膨大到整个番茄果实采收完毕为结果期。此期秧、果同时生长，营养生长和生殖生长均旺盛进行，但以生殖生长为主。在同一植株上除茎叶生长外，同时也在进行着开花、坐果、果实的膨大发育、果实的成熟发育。就栽培而言，这个时期最重要的是调控好结果的数目和果实的膨大发育。至于番茄一生能长多少叶、结几穗果、每穗坐多少果就要看番茄品种、环境条件的适合程度、栽培管理的措施要求等。一般而言，华北地区春露地的番茄有3～5果穗，每穗坐果5～7个，一株结果20～30个。中国北方春露地栽培，一般长到5穗以上就坐果不良。结果穗数可用摘心方法来控制。另外，正在发育膨大的果实，特别是开花后20d左右的果实，需要大量的营养物质，会与上层花穗争养分，这些养分的来源主要靠中、下部的叶片，上部的叶片只能保证上层果实及顶端生长的需要。番茄摘心时在最后一个花穗上面必须保留2个叶片，以免造成上部果实受日灼伤害，并可补充上部果实对同化产物的需求。同时，早期结实不能留果实太多。

第二节　类型及品种

一、类型

较多分类学家认为，番茄属（*Lycopersicon*）包括秘鲁番茄、智利番茄、多毛番茄、醋栗番茄、契斯曼尼番茄、小花番茄、克梅留斯基番茄、潘那利番茄及普通番茄9个种。而普通番茄（*L.esculentum* Mill）又可分为5个变种，即普通番茄（var.*commune* Bailey）、大叶番茄（var.*grandifolium* Bailey）、樱桃番茄（var.*cerasiforme* Alef）（图6-2）、直立番茄（var.*valiudm* Bailey）、梨形番茄（var.*pyriforme* Alef）（图6-3）。

图6-2　樱桃番茄　　　　　　　　　图6-3　梨形番茄

目前，绝大部分的栽培品种属于普通番茄这一变种。番茄品种数目繁多，在园艺学上大体可分为以下3种类型。

（1）按植株生长习性分　可分为无限生长型和有限生长型（包括自封顶、高封顶）两类。

（2）按叶型分　可分为普通叶型（裂叶型）、薯叶型（大叶型）、皱缩型三种。绝大多数番茄品种的叶属于普通叶型。薯叶型的小叶较大，小叶数较少，一般无小叶，叶似马铃薯叶片。皱缩型的叶片紧凑，小叶皱缩，这类品种茎秆粗壮而且节间短，株形较矮，多为直立番茄。

（3）按果实大小或颜色分　可分为大果型（150~200g以上）、中果型（100~149g）、小果型（100g以下）；或大红（火红）果、粉红果、黄色果（橙黄、金黄、黄、淡黄）。

二、有机生产品种选择

1. 总体要求

选用抗病高产、抗逆性强、适应性广、品质优、耐贮运、商品性好、需求适合市场的品种。冬春栽培、早春栽培、春提早栽培选择耐低温弱光、对病害多抗的品种；秋冬栽培、秋延后栽培选择高抗病毒病、耐热的品种；生长季节栽培选择高抗、多抗病害，抗逆性好，连续结果能力强的品种。用种量10～15g/亩。种子质量应达到：纯度95.0%，发芽率85.0%，水分8%。

2. 部分国内选育的番茄优新品种简介

（1）中杂8号　中国农科院蔬菜花卉研究所育成的一代杂交品种。曾获国家科技进步二等奖。中熟偏早，植株无限生长类型。果实圆形，红色，坐果率高，果面光滑，外形美观，单果重200g左右。果实较硬，果皮较厚，耐运输，品质佳，口感好，酸甜适中。含可溶性固形物约5.3%，含维生素C 20.6mg/100g鲜重。抗番茄花叶病毒病，中抗黄瓜花叶病毒病，抗番茄叶病毒病，高抗枯萎病。丰产性好，亩用种量50g左右。适于全国各地露地及利用设施有机无土栽培。

（2）中杂9号　一代杂种，无限生长类型，生长势强，叶量适中。中熟，果实粉红色，圆形，单果重160～200g。坐果率高，果面光滑，外形美观，耐贮运，商品果率高。品质优良，口感好，酸甜适中，可溶性固形物含量5.6%左右，含维生素C 17.2～21.8mg/100g鲜重。抗番茄花叶病毒病，中抗黄瓜花叶病毒病，抗番茄叶霉病，高抗枯萎病。丰产性好，亩产可达5000～7500kg。全国各地均可种植。可露地有机无土栽培，也可利用温室、日光温室进行有机无土栽培。

（3）中杂10号　一代杂交品种，有限生长型，每花序坐果3～5个。果实圆形，粉红色，单果重150g左右，味酸甜适中，品质佳。在低温下坐果能力强，早熟，抗病性强，保护地条件下坐果好。适于露地或小棚早熟栽培。北京地区2月中下旬播种育苗，3月中下旬分苗，4月中下旬定植露地；春小棚于1月中下旬播种育苗，2月中下旬分苗，3月中下旬定植，定植后蹲苗，每亩定植4000株左右。亩产可达5500～6000kg。

（4）中杂11号　一代杂交品种，无限生长型。果实为粉红色，果实圆形，无绿果肩，单果重200～260g，中熟。抗病毒病、叶霉病和枯萎病。保护地条件下坐果好，品质佳。可溶性固形物含量5.1%左右，酸甜适中，商品果率高。亩产6500～7000kg。适合春温室及大棚栽培。

（5）中杂102号　一代杂交品种，属无限生长类型，叶量中等，中早熟，抗病性强。该品种最显著的特点是连续坐果能力强，单株可留6～9个穗果，每穗坐5～7个，果实大小均匀，果色鲜红，单果重150g左右。耐贮藏运输，货架期长，可整穗采收上市，亩产6000～8000kg，最适合春、秋温室栽培，也适应大棚和露地栽培。

（6）中杂106号 一代杂交品种，属无限生长类型，生长势中强，普通叶。果实近圆形，幼果有绿色果肩，成熟果粉红色。单果重180～220g，果实整齐、光滑，畸形果和裂果很少，品质优良，商品性好。早熟性好，产量高。抗叶霉病、番茄花叶病毒病、枯萎病，耐黄瓜花叶病毒病。适合于进行有机无土栽培生产的优良品种。

（7）浦江世纪星 上海农科院园艺所育成品种。一代杂交品种，无限生长型，早中熟，大红果，单果重120～140g之间，每穗坐果4～5个，成熟度一致，串番茄，可成串采收。大小均匀，畸果率和裂果率极低。品质优，圆整光滑，果脐小，商品性好，高附加值。耐贮运，春季栽培亩产达到5000kg以上。高抗番茄花叶病毒病，中抗黄瓜花叶病毒病，抗叶霉病和枯萎病，田间未见筋腐病。适合秋延后和越冬大棚、连栋棚、日光温室和现代化玻璃温室有机无土栽培。

（8）浦江7号 无限生长类型。株高1.5m以上，开展度约50cm。生长势强。第一花序着生于7～8节，每花序间隔2～3片叶。果实扁圆形，幼果有绿色果肩，成熟果红色，多心室，单果重150g。中熟，从播种至始收150～160d。抗烟草花叶病毒病，耐黄瓜花叶病毒病。适宜春季露地和塑料大棚栽培。亩产4000～5000kg，系鲜食与加工兼用种。适于上海及华东部分地区栽培。

（9）申粉8号 上海农科院园艺所育成品种。一代杂交品种，无限生长型，产量高，商品性好，早春畸形果率低，粉红果，耐低温，在低温弱光下坐果能力强，商品性优，硬度好，耐贮运。果实无绿肩，高圆形，平均单果重180～120g，果肉厚，多心室，大小均匀，表面光滑，畸形果率和裂果率极低。综合抗病性强，高抗番茄花叶病毒病，中抗黄瓜花叶病毒病，高抗叶霉病，田间未见筋腐病。本品种属于耐肥品种，为保证产品和长势，需要施足基肥，并注意及时追肥。本品种适合春提早和越冬大棚、连栋棚、日光温室和现代化玻璃温室有机无土栽培。

（10）浙粉202 浙江省农业科学院园艺研究所选育。一代杂交品种，无限生长类型，特早熟。高抗叶霉病，兼抗病毒病和枯萎病等，成熟果粉红色，品质佳，宜生食，色泽鲜亮，商品性好，果实高圆苹果形，单果重300g左右，硬度好，特耐运输。适应性广，稳产，高产，适于日光温室、大棚和露地栽培。

（11）浙杂203　一代杂交品种，无限生长类型，早熟，高抗叶霉病、病毒病和枯萎病，中抗青枯病，成熟果大红色，商品性好，果实高圆形，单果重250g左右，硬度好，耐贮运。品种适应性强，高产稳产，适宜日光温室、大棚和露地栽培，可秋季栽培和南方高山栽培，全国各地均可种植，适于长途运输。

（12）浙杂204　一代杂交品种，无限生长类型，中早熟，高抗青枯病、叶霉病、病毒病和枯萎病；果实高圆形，成熟果大红色，单果重130～180g，商品性好，耐运输；特适合华南、青枯病高发地区或长途运销地区栽培，全国各地均可种植。

（13）浙杂809　一代杂交品种，有限生长类型，早熟，高抗烟草花叶病毒病，耐叶霉病和早疫病；长势强健，抗逆性强；果实高圆形，成熟果大红色，单果重250～300g，商品性好，耐贮运。长江流域和全国喜食红果地区均可种植，适于保护地早熟栽培、春秋露地栽培。

（14）苏粉8号　江苏省农业科学院蔬菜研究所选育。一代杂交品种，无限生长型，中熟。具有优质、高产、稳产、抗病性强、适应性广等特点，是保护地生产无公害优质番茄及种植业结构调整的理想品种。果实高圆形，粉红色，果面光滑，果皮厚，耐贮运，品质佳，可溶性固形物含量5.0%，酸甜适中，单果质量200～250g，亩产6000kg。高抗病毒病、叶霉病，抗枯萎病，中抗黄瓜花叶病毒病。适于保护地栽培。

（15）苏抗5号　一代杂交品种，有限生长型，半蔓生，自然株高80～100cm，分枝能力强。果实圆形稍扁，果实大红，果面光滑，有青肩，果脐小，3～5个心室，果肉鲜红，单果重150g。单株产量1.5～2.5kg，亩产5000kg以上。果实可溶性固形物含量4.6%，可溶性糖1.73%。肥力水平要求中等以上，高抗烟草花叶病毒病。适于华东地区保护地和露地栽培。

（16）华番2号　华中农业大学园艺林学学院选育。一代杂交品种，无限生长型，叶色深绿，羽状叶，生长势强。果实成鱼骨状排列，成串性好。果实扁圆形，成熟果实红色，无果肩，平均单果重140g左右，为中果型。在湖北地区春季和秋季栽培，单季亩产量一般可达5000kg以上。果实酸甜比适中，风味优。果实硬度高，耐贮藏。抗病毒病、枯萎病和叶霉病，对青枯病具有强耐病性。适于大棚和露地栽培。

（17）华农704　东北农业大学园艺系选育。一代杂交品种，有限生长型，具有早熟、抗病、优质、丰产等特点。抗番茄花叶病毒病，耐黄瓜花叶病毒病，在苗期品种特性易识别，成熟期集中，前期产量高，果实粉红色，中大果，果实圆整，整齐度高，平均单果重135~200g，耐贮运，商品性好。亩产可达5000kg以上。可溶性固形物4.5%，口感好。适于全国各地保护地栽培。

（18）皖粉1号　安徽省农业科学院园艺研究所选育。一代杂交品种，有限生长型。粉红果，熟性极早，始花节位5~6节，2~4个花序自封顶。单果重200g，可溶性固形物含量5%以上，果头圆形，表面光滑，商品性好，高抗番茄花叶病毒病，抗黄瓜花叶病毒病、叶霉病、早疫病。一般亩产5000kg。适应性广，适于设施春早熟和秋延后栽培。

（19）皖粉4号　一代杂交品种，无限生长型，中晚熟。抗烟草花叶病毒、灰霉病、叶霉病、早疫病，抗蚜虫、白粉虱、斑潜蝇为害。温光适应范围广。单果重200~250g，可溶性固形物含量5%以上，亩产7000kg。适于全国各地温室和大棚等设施栽培。

（20）佳粉16号　北京蔬菜中心选育。一代杂交品种，无限生长，中熟偏早，高抗病毒病和叶霉病，果形周正，成熟果粉红色，单果重180~200g，裂果、畸形果少，植株不易徒长，适于春秋塑料大棚栽培。

（21）佳红4号　北京蔬菜中心选育。一代杂交品种，无限生长，中熟偏早，红果抗裂，是耐贮运型新品种。高抗病毒病和叶霉病，果形周正、圆形，果肉硬，耐贮运，商品果率高，适于保护地兼露地栽培。

（22）宇番2号　黑龙江省农业科学院园艺分院选育。为空间诱变育成品种。无限生长型，中早熟。长势特强，结果多，第一开花节位6~8节，单果重100~110g。果圆呈球形，果色橘红，果皮硬，不裂果，无绿肩，果形整齐，耐贮运。品质佳，营养成分高，果味甜，抗叶霉病、疫病，耐病毒病。

（23）佳红1号　甘肃省农科院蔬菜所选育。一代杂交品种，早熟，丰产，抗多种病害，商品性好，货架期长。果实扁圆形，红色，果皮较厚，果肉硬。平均单果重164.4g，亩产6000kg以上。抗叶霉病、病毒病，耐早疫病，适于塑料大棚及日光温室栽培。

（24）金冠8号　辽宁园艺研究所选育。无限生长型，早熟，长势强。果实高圆形，粉红色，色泽鲜丽，开花集中，易坐果，膨果快。果面光滑，果脐小，果肉厚，果实硬度高，耐贮运，单果重约250~300g，设施生产丰产性好，日光温室亩产高达1.5×10^4kg。耐低温，高抗叶霉病，抗病毒病。适于越冬保护地栽培，早春、秋延、越夏保护地栽培。

（25）美味樱桃番茄　中国农科院蔬菜花卉研究所育成。无限生长型，生长势强，每穗坐果30~60个，圆形，红色，单果重10~15g，大小均匀一致，酸甜可口，风味佳，可溶性固形物高达8.5%，每100g鲜果含维生素C 24.6~42.3mg。营养丰富，既可做特菜，也能当水果食用。抗病毒病。亩产3000kg以上，亩用种量25g左右。适于露地及保护地栽培。

（26）京丹1号樱桃番茄　北京蔬菜中心选育。无限生长型，中早熟，果实圆形，成熟果色泽透红亮丽，果味酸甜浓郁，口感极好，单果重10g，糖度8%~10%，适于保护地高架栽培。

（27）仙客1号抗线虫番茄　北京蔬菜中心育成"京研"抗线虫番茄品种。抗根结线虫病、病毒病、叶霉病和枯萎病。无限生长型，主茎7~8节着生第一花序，果实粉色，为大和中大型果，单果重约200g，果肉较硬，果实呈圆和稍扁圆形，未成熟果有绿果肩。适于保护地兼露地栽培。

（28）强丰　中国农科院蔬菜花卉研究所育成。植株无限生长类型，中熟，果实粉红色，平均单果重140~160g。抗病毒病。果形圆正，大小均匀，果穗整齐，低温坐果能力较强。果实可溶性固形物含量4.5%，风味上等。产量高、稳产。露地栽培，适应性较广，适宜栽培范围遍及全国。

（29）丽春　中国农科院蔬菜花卉研究所育成。植株无限生长类型，三穗株高55cm左右，坐果力强，在早春地温等不良环境下，第一花序坐果能力高。果实粉红，果肩深绿色，单果重150g左右，果实圆形，甜酸适中，风味好，品质上等。适宜密植。适应性强，可在全国各地种植，适于露地栽培。

第三节　栽培季节

番茄栽培可利用温室、大棚和露地栽培等方式，一般有6个栽培季节的划分。（1）早春栽培：深冬定植、早春上市的茬口；（2）秋冬栽培：秋季定植、初冬上市的茬口；（3）冬春栽培：初冬定植、春节前后上市的茬口；（4）春提早栽培：终霜前30d左右定植、初夏上市的茬口；（5）秋延后栽培：夏末初秋定植，国庆节前后上市的茬口；（6）长季节栽培：采收期8个月以上的茬口。樱桃番茄栽培季节见表6-2。

表6-2　樱桃番茄栽培季节

茬　次	播种期	定值期	采收期
春露地	2月中下旬	5月上中旬	6月中旬~9月上旬
春棚室	12月中下旬~1月上旬	3月下旬~2月上旬	5月中旬~10月上旬
秋棚室	7月中旬	8月上旬	10月中旬~1月下旬
冬温室	9月中下旬	11月下旬	2月上旬~5月中旬

第四节　育苗

根据季节不同选用温室、大棚、阳畦和温床等育苗设施，夏秋季育苗应配有防虫遮阳设施，有条件的可采用穴盘育苗和工厂化育苗，并对育苗设施进行消毒处理，创造适合秧苗生长发育的环境条件。

一、营养土要求

每亩栽植面积育苗床$25 \sim 30m^2$。床土为40%腐殖酸有机肥，40%的阳土，20%腐熟$7 \sim 8$成的牛粪，500g EM生物菌液，与粪肥拌匀整平。土钵疏而不易散，养分平衡，不沤根，根多秧壮。勿用化肥和未经生物菌分解的生粪。

二、播种

夏秋茬种子用高锰酸钾1000倍液消毒，越冬茬和早春茬用硫酸铜500倍液杀菌。播种前浇足水，深4cm，积水处撒土将畦面赶平，撒播，覆土0.5cm厚，盖地膜保湿保温。白天温度在$25 \sim 30℃$，夜晚$10 \sim 13℃$，幼苗出土后逐渐放风炼苗，幼苗出齐前不浇水，无猝倒苗。

三、苗期管理

冬前浇水，保温防冻，其他季节控水防徒长粗扎深根，出苗60%揭膜放湿，子叶展开按$2 \sim 3cm$见方疏苗。3片真叶时按$8 \sim 10cm$见方分苗，分苗时浇灌生物菌或磷锌钙营养长根，促进花芽分化。培育不徒长、不僵化、不染病、根发达健壮苗。控水防涝，高温干旱期遮阳，连阴天也揭开草苫见光炼苗。下种后10d切

方，定植前10d移位囤苗，护根提高抗逆性。

移栽前10d用EM生物菌液100g兑水15kg喷于幼苗，前7d全日揭膜炼苗。以菌克菌，无病定植。喷雾器装过化学杀菌剂需清洗后间隔48h，再装有益菌剂，喷后保持2～3d较高湿度，使之大量繁殖抑制和杀灭有害菌。

夏秋茬选择有茸毛苗，可防治虫伤传毒；根多壮苗，淘汰猝倒、黑根茎苗。

第五节　定植

一、清洁田园

对于露地和设施有机番茄生产，进行基质消毒，可以消灭各种病菌和害虫，减轻下茬的为害。在每茬作物收获后及时清理病枝落叶，病果残根。在作物生长季节中清除老叶病叶，摘除虫卵，摘除病果并带出田外集中处理，可显著地减轻下茬作物病虫的为害。

二、整地施基肥

1. 施肥种类

增加腐熟的有机肥，增施磷肥、钾肥，氮、磷、钾肥配合，增施微量元素肥料，适时追肥，以满足作物健壮生长的需要，提高番茄抗病虫能力。

土壤培肥和改良允许使用的物质：农家肥，作物秸秆和绿肥，其他腐殖质，自然存在的泥炭，锯屑、刨花以及来自未处理木材的木料，无污染的一般矿渣，钙化海草，氯化钙、石灰石、石膏和石垩、镁矿、天然硫黄、氯化钠、微生物制品、生物制品、植物制品及其提取物。

土壤培肥和改良限制使用的物质：堆积的或厌氧菌发酵堆积的粪肥，植物碾碎的粉（棉籽、亚麻籽、油籽等），鱼的乳状物，骨粉，木灰，窑灰，天然磷酸盐，泻盐类（含水硫酸岩），螯合矿物质，硼酸岩，合成的润湿剂。

2. 施用方法

按一茬每亩产果实1×10^4kg设计投肥，需纯氮38.6kg，土壤中需维持19kg为好；五氧化二磷11.5kg，基施为主；氧化钾44.4kg，在结果期施入为主。每千克碳素可产鲜秆、果实各10kg，需碳素有机质1000～1300kg。第一年新菜地可多施入土壤储备量1倍左右，第二茬减少50%。每亩备3000kg干秸秆沤制肥，可供碳1350kg；或牛粪4000kg，含碳1040kg。加腐殖酸肥1000kg，含碳250kg、氮13.5kg、磷6.6kg、钾17.1kg；加鸡粪1000kg，含碳250kg、氮16.5kg、磷15kg、钾8.5kg。总碳1600kg左右，氮30kg，磷21.6kg，钾25.6kg，碳够、氮多、磷足，缺钾23kg，番茄地富钾也可增产，故结果期再追施45%生物钾100kg。鸡粪过多会引起氮磷浪费和肥害，造成植株生理失衡而染病减产。如秸秆不足可用腐殖酸肥补充。碳元素需施入EM生物菌，固体10~20kg、液体2kg，或生物菌肥固体50kg、液体1kg，分解和保护碳氮营养。中后期追施液体菌4~6kg，能持久吸收空气中的二氧化碳和氮气，补充量可达60%左右，分2~3次冲施。土壤碳氮比达（30~80）：1，土壤本身碳氮比为10：1。谨防盲目多施鸡粪肥，造成土壤浓度大、营养过剩而多病减产。因每亩土壤氮存量19kg为平衡，磷要保持酸性均衡供应，故鸡粪要穴侧施或沟施。

三、作畦方法

耕深30cm，垄宽70cm，高10cm，防积水沤根，保证受光面大、提温快。垄土不宜太粗太细，保证土壤透气性和持水性。

四、定植密度

每亩用EM生物菌液1kg，用40℃温水浸泡4~6h，加水稀释浇苗床；适当深栽（12cm），高腿苗可用U形栽培法；栽完后800倍液的植物诱导剂灌根茎部，之后1h浇水，愈合伤口，消灭杂菌病毒，控秧壮根，可增加根系70%左右，提高光合强度50%以上。围绕控温、控湿、控秧促根管理，因深根长果，浅根长叶蔓。

株距40cm，大行距60cm，小行距40~45cm，温室每亩栽2000~2900株，大棚栽3300株。群体受光均匀，充分利用空间，防止过稠造成徒长和染病；露地为挡光、保湿、护果秧，合理密植为好。

第六节　田间管理

一、温度管理

白天22~32℃，前半夜18~15℃，后半夜授粉期12~13℃，长果期

8~11℃，授粉受精良好，果形正，蔓不疯长，产量高。谨防温度高于35℃和低于8℃。

二、水分管理

供浇水5~8次，定植时以浇透为准，之后控水、控叶促根深扎；秧苗生长期不浇，结果期少次适量。保护地内30℃以上，20℃以下不浇水；露地高温时以傍晚浇水为好。

三、光照管理

幼苗期（2~3）×10^4lx，结果期（5~7）×10^4lx，6~9月份高温强光期适当遮阳，冬至前后弱光期用补光灯、反光幕、擦棚膜等措施增光，叶面可喷植物诱导剂800倍液增加叶片光合强度，使秧不疯长、不僵化、无空穗。遮阳勿过度，以免秧蔓徒长。

四、其他管理

1. 积极采取保花保果措施

番茄水肥管理不当，密度过大，光照不足，植株徒长，整枝打杈不及时，营养不足，植株生长衰弱时容易落花落果。另外，棚内昼温过高、夜温过低，湿度大，花器发育不良，不能正常授粉受精时也容易落花落果。因此要避免上述情况出现。有机番茄生产措施不多，一般温室内花期主要采用人工振荡授粉，也可采用雄蜂授粉，于开花期每天上午10∶00~11∶00进行。

2. 搭架

番茄等秧苗长到30cm左右就可以搭架，但不要太迟，太迟由于茎蔓长，侧蔓多，操作不便，且容易折蔓伤叶碰掉花果。搭架的材料可以就地取材用竹竿、树枝及其他一些小灌木等。番茄搭架形式根据植株的高矮、生长期长短、整枝方式等而定。

（1）人字架　人字架是比较常用的一种搭架方式，搭架的材料长1m左右，在每株番茄外侧各插一根，再将邻近两行四根架材"架头"绑在一起，或者"架头"交错，上面绑一横竿，这种方式适于单杆整枝留第2~3穗果的栽培方法。

（2）人字形三横杆架　搭架材料长约80cm，在番茄的两边各插三根，"架头"交错，上绑一横竿，然后在两边距地面20cm处各绑一横杆。番茄的枝、蔓便固定在两边横杆上。这种方式适合于早熟、矮架、双干整枝品种的栽培方法。

（3）杆插　架材高70cm左右，在每株番茄旁直插一根。这种插架方法适于植株矮小、高度密植的自封顶类型品种的栽培方式。

3. 绑蔓

绑蔓时要根据栽培方式确定，因架材插在植株外侧，绑蔓时，先将植株引到架杆内侧绑一道蔓，再把植株蔓引到外侧再绑一道，便于植株通风透光和茎叶的舒展，绑蔓时应注意，扎绳应扎在每一穗果实的下方，防止坐果以后，质量增加，将果实夹在扎绳处。另外注意：宜在蔓和扎绳之间绑成"8"字形，避免蔓和架材之间摩擦或下滑。无论是分枝习性如何，番茄每株的花序基本分布于植株的一边，应安排果穗远离架杆，以防果实膨大后夹在茎杆与架杆之间形成畸形果。

4. 整枝、疏果

温室延秋茬5～7穗果，越冬、早春茬6～9穗果，拱棚、露地3～4穗果。分次打顶，使植株高低一致，去芽不过寸，老黄叶早摘，单干整枝，每穗2～4个果，株高控制在1.7m左右。控蔓促果，果形正，产量高。每穗果轮廓长成后，将果穗以下所有叶片摘掉，以免老叶产生乙烯，使果实中的钾外流而减产、不耐运。

5. 中耕追肥

中耕2～3次，深2～5cm。浇水、雨后淋湿和作业踩踏的土壤，及时松土破板，早春结合土壤保墒保湿；土壤含氧量保持在19%，防止沤根和根浅脱水，促微生物活动、根深扎。中耕可结合除草作业。

生长期氮磷钾比例以3：1：（5～7）为宜，高、低温期叶面补硼促花粉粒成熟饱满，喷锌促柱头伸长授粉受精。每隔20～30d，叶面喷赛众28营养液，根部浇施EM生物菌液平衡土壤和植物营养。地上和地下平衡，叶蔓与果实平衡，果大而匀，色艳耐存，食味佳。在20℃左右时，浇施或叶背喷雾为好。

6. 采收

（1）采收期　有机番茄果实已经成熟。一般番茄开花后50d左右果实成熟。果实成熟过程可分四个时期，即青熟期（也称白熟期、绿熟期）、变色期（也称黄熟期）、成熟期（也称坚熟期）和完熟期。如在青熟期采收，果实较硬，适于贮藏运输，但风味较差；成熟期采收，色泽鲜艳、营养价值高，风味最好，但不适宜远途运输。

具体采收标准依据市场情况来定。青熟期适于贮藏和远距离运输。为提早供应，多在变色期采收。变色期的判断标准是果实顶端开始由青转黄。本地供应或者近距离运输，可在顶端转色后至六成熟时采收。

（2）采收方法　用剪刀连同果柄一起采摘。应选晴天为宜。

第七节　主要病虫害防治

一、有机番茄病虫害防治的农业防治

主要是选用抗病品种，培育无病虫壮苗；科学管理，创造适宜的生长发育环境；科学施肥，增施充分腐熟的有机肥，不施未经腐熟的有机肥，特别是畜禽粪，注意氮、磷、钾平衡使用；加强设施防护，充分发挥防虫网的作用，减少外来病虫来源。

1. 辅助设施使用

①覆盖地膜。在番茄植株的行间覆盖地膜可以降低株间空气湿度，可以减少由于雨水喷溅的病原物的病害发生，从而降低了湿度，减少了病害的发生。

②使用防虫网。

2. 种子处理

用物理的、化学的方法杀灭种子所带的病菌和害虫，可以减轻病、虫的发生。用温汤浸种处理种子可以减少多种病害的发生。

3. 合理密植及采用适宜的栽植方法

合理栽植有利于通风透光，提高植株的抗性。采用南北行、宽窄行栽植利于通风透光。也可采用深沟高畦栽培，以利降低湿度和根系生长，从而提高作物抗病虫性。

4. 环境调控，生态控制

主要是番茄在保护地栽培中，通过一定的手段创造一定的温湿度条件，满足作物健壮生长的需要，而不利于病虫的生长、发育和繁殖。

二、有机番茄生产中的主要病虫害

1. 苗期

主要病害有猝倒病、立枯病、早疫病；虫害为蚜虫。

2. 生产期间

主要病害有灰霉病、晚疫病、叶霉病、早疫病、青枯病、枯萎病、细菌性角斑病；虫害为蚜虫、潜叶蝇、白粉虱、烟粉虱、茶黄螨、棉铃虫。

三、有机番茄生产病虫害的物理防治

1. 黄板诱杀

根据害虫的趋黄特性，在日光温室内悬挂黄板，可以诱杀白粉虱、烟粉虱、有翅蚜虫、潜叶蝇成虫等害虫。用黄板诱杀烟粉虱的试验表明，黄板数量越多，害虫减退率越高，即诱杀的害虫量越多；应用黄板诱虫时间越长，控制田间害虫效果越好。黄板用40cm×20cm纤维板做成，两面涂刷黄色广告色，以中黄至深黄为好，广告色干后，再薄涂一层黏着剂，黏着剂用无色机油与黄油按5∶1的比例调配而成。先用机油将黄油均匀调开，再加机油稀释，调好后将其盖好备用。将黄板悬挂在日光温室内吊番茄秧的铁丝上，其下端与植株顶端齐平或略高，悬挂黄板的数量为1~2块/m^2。使用几天后，用抹布擦净再涂刷黏着剂。当黄板退色严重时，重新涂刷黄色广告色和黏着剂，如此反复使用多年。注意黄板用量不要太少，否则诱杀害虫效果较差（图6-4）。

2. 杀虫灯诱杀

杀虫灯诱杀害虫的原理是利用害虫的趋光、趋波特性，将害虫诱至灯下用高压电网触杀。在日光温室内使用，冬、春季节由于有草苫等外覆盖物，不会引诱温室外的害虫，夏、秋季节只要隔离防护措施到位也不会增加虫口密度。灯的高度以高于植株顶端30~50cm为佳，以免植株遮光，影响诱虫效果（图6-4）。

3. 防虫网阻隔

温室、大棚等设施进行有机番茄无土栽培时可利用防虫网（图6-5），通过阻隔外界害虫进入设施，能有效防治多种害虫发生。

图6-4　黄板、杀虫灯诱杀

图6-5　设施农业防虫网

四、有机番茄生产病虫害的生物防治

1. 天敌利用

以虫治虫，自然界中天敌的种类很多，如异色瓢虫、龟纹瓢虫、草蛉、广赤眼蜂、丽匀鞭蚜小蜂等，它们可以捕食或寄生蚜虫、粉虱、地老虎、棉铃虫、烟青虫的成虫、卵、幼虫（若虫）和蛹，来防治病虫害。

以菌治虫，如白僵菌、青虫菌、杀螟杆菌等，能防治番茄上的多种病虫。

采用病毒（如棉铃虫核多角体病毒）、线虫等防治害虫。

2. 生物药剂

利用植物源农药如茼蒿素、印楝素、鱼藤酮、黎芦碱、苦参碱等和微生物源农药如齐墩螨素（阿维菌素）、苏云金杆菌（Bt）、抗霉菌素120（农抗120）等防治病虫害。

五、有机番茄生产病虫害的药剂防治

1. 常用药剂的制作

（1）波尔多液　波尔多液是一种广谱无机杀菌剂，是有机农业上允许使用的药剂之一，它是用硫酸铜、生石灰和水按一定的比例配制而成。呈天蓝色胶状悬液，多呈碱性，几乎不溶于水。配制成的溶液放置时间长后，悬浮的胶状物会相互聚合而沉淀，失去杀菌作用。因此，应用时需随用随配。

①常用剂型　波尔多液的配合方式分为生石灰少量式、半量式、等量式、多量式、倍量式和三倍式。

②配制方式　将硫酸铜和生石灰分别放入一个容器中（不能用金属容器，大量配药时应该修建水泥药池），各用一半水溶液分别溶化硫酸铜和生石灰，待两液温度一致时，滤去残渣。将硫酸铜溶液缓倒入石灰液中，边倒边搅拌，即成波尔多液。

（2）石硫合剂　石硫合剂是一种古老的无机杀菌兼杀螨、杀虫剂，可以自行熬制，也可以买到现成不同剂型的石硫合剂。它对多种病害有良好的防治效果，而且价格低廉，不易产生抗药性，可在有机蔬菜的生产中使用。

①性能和作用特点　石硫合剂是用生石灰、硫黄粉加水煮熬而成。主要成分为多硫化钙，另有少量硫代硫酸钙等杂质。药液呈碱性，遇酸和二氧化碳易分

解。在空气中易被氧化而生成硫黄和硫酸钙，遇高温和日光照射后不稳定。药液喷在植物体表后，逐步沉淀出硫黄微粒并放出少量硫化氢。它对人体有中毒（水剂）或低毒（固体、膏剂）毒性，对皮肤有强腐蚀性，对眼和鼻有刺激作用。

②煮制方法　配制比例为：生石灰1份、硫黄粉2份、水10份（质量比）。先把生石灰用少量水化解，配成石灰乳，再加入煮沸的水中，然后将已用少量水调成稀糊状的硫黄慢慢倒入沸水中，不断搅拌，并记下水位线，然后加水煮沸，从沸腾开始计算时间。熬制时要保持药液沸腾，并不断搅拌。整个反应时间为50~60min。煮制过程中损失的水量应用热水补充，并在反应过程的最后15min以前补充完。当药液变成透明酱油色且出现绿色泡沫时停火。冷却后，用波美比重计测量度数后，装入容器备用。如原料优质，熬制火候适宜，原液可达28°Bé以上。原液中有效成分的含量多少与密度（用波美比重计测定）有关。密度大，则原液浓度高。使用时应加水稀释。

2. 常用药剂使用与注意事项

（1）波尔多液

①防治对象及使用方法　波尔多液是应用最早的保护性杀菌剂之一，药液喷在作物表面可形成一层薄膜，黏着力很强，不易被雨水冲刷。应用时以在发病前或发病初期喷雾效果最好，一般连续喷洒2~4次即可控制病害。

②注意事项　不同的蔬菜种类和生育阶段，对铜和生石灰的敏感度不一样，应使用不同浓度的药液。因此要按照对蔬菜的安全要求选用适宜比例的波尔多液，防止产生药害。番茄易受石灰伤害，应选用半量式或等量式的波尔多液。宜选择晴天喷洒，阴雨和多雾天气及作物花期容易发生药害，不宜使用。要选用优质生石灰和硫酸铜做原料，现配现用。不能与遇碱分解的药剂混用。不能与酸性药剂混用，也不能与石硫合剂混用。一般30d内不能施用石硫合剂。不能反过来把石灰液倒入硫酸铜中。

③有机番茄生产上的应用　番茄疫病、晚疫病、灰霉病、叶霉病、斑枯病、溃疡病，可用1∶1∶200（硫酸铜、生石灰、水）的波尔多液喷雾防治。

（2）石硫合剂

①防治对象　用0.2~0.3°Bé的药液喷雾，可以有效防治园艺作物上的红蜘蛛、瓜类白粉病和其他蔬菜霜霉病、角斑病。用0.3~0.5°Bé的药液喷雾可以防治锈病、白粉病。用0.4~0.5°Bé的药液喷雾，可以防治蔬菜叶斑病。

②注意事项　最好贮放在小口缸里，在液面上加一层油（菜籽油即可），隔绝空气，同时要严密封口。熬煮和贮存石硫合剂时不能用铁、铝、铜质容器。喷药结束后应立即彻底清洗喷雾器。在夏季高温（32℃以上）和冬季低温（4℃以下）时不能使用。在蔬菜果实将要成熟时，喷施药剂容易产生斑点。不能与忌碱农药混用，也不得与波尔多液混用。喷过波尔多液后，要隔30d才能喷石硫合剂。石硫合剂对黄瓜、番茄等蔬菜敏感，使用时要注意防止药害。

六、番茄主要病虫害的症状与防治

1. 晚疫病

（1）发病症状　番茄从叶尖或叶缘开始发病，呈暗银色水渍状病斑，渐变暗褐色，潮湿时病斑边缘发生白霉（图6-6）；果实发病，在青果的近果柄处逐渐长出灰绿色至深褐色的云状硬斑块，潮湿时长出稀疏白霉（图6-7）；茎上病斑黑褐色，稍凹陷，边缘有白霉，严重时折断，发病地块有腥臭味。

图6-6　番茄晚疫病叶片发病症状　　图6-7　番茄晚疫病果实症状

番茄晚疫病由低温高湿条件引起，一般温度18～22℃、相对湿度75%以上时多形成中心病株，病株的病斑上出现的菌丝和孢子囊借气流传播，蔓延性极强，具有短期毁灭性。在通风不良时容易重复侵染和流行。

（2）防治方法　应采取延后栽培，提高温度，加强通风，适当控制浇水，降低湿度。

番茄晚疫病，在发病初期可用1：1：200（硫酸铜、生石灰、水）的波尔多液喷雾1～2次进行防治。

2. 病毒病

（1）发病症状　番茄病毒病主要有花叶型、条斑型、蕨叶型3种，通过汁液、蚜虫传播。花叶型病毒病叶片发生淡绿和浓绿相间的花叶皱缩，结花脸果（图6-8）；蕨叶型病毒病叶片变细成柳叶状或线状，植株萎缩（图6-9）；条斑型病毒病是叶、叶柄及茎上发生褐色坏死条斑，果实也有类似病斑，并引起植株枯死。

（2）防治方法　选用抗病品种，培育壮苗，侧枝摘除不宜太早，加强肥水管理，适当通风，保持一定的温度，增强抗病力，及早防治蚜虫。

图6-8　番茄花叶型病毒病　　　　　　图6-9　番茄蕨叶型病毒病

3. 灰霉病

（1）发病症状　主要发生在花及成熟前的果实上，幼苗被害，最初叶尖端发黄，后呈"V"字形扩展，茎部产生褐色或暗褐色病斑，然后折断。潮湿时，病部有灰色霉层。花和果实发病，病部变褐、发软最后腐烂（图6-10、图6-11）。一般在果实近柄部发病较多，病斑凹陷，微现轮纹。

图6-10　番茄花灰霉病　　　　　　图6-11　番茄果实灰霉病

（2）防治方法　应选用新配基质，基质使用前严格消毒，加强苗床通风透光，降低床内温度，及时清理土地，对病株深埋。

番茄灰霉病在发病初期，可用1∶1∶200（硫酸铜、生石灰、水）的波尔多液喷雾1～3次进行防治。

4. 早疫病

（1）发病症状　早疫病也叫轮纹病，叶片初期出现水渍状暗褐色病斑，扩大后近圆形，有同心轮纹，潮湿条件下病斑长出黑霉，发病多从植株下部叶片开始，逐渐向上发展，严重时下部叶片枯死（图6-12）。叶柄、茎、果实发病，初为暗褐色椭圆形病斑，扩大后稍凹陷，并有黑霉和同心轮纹，青果病斑从花萼附近产生，重病果实开裂病部较硬（图6-13）；提前发红，脱落。

番茄早疫病由高温高湿条件引起，一般温度20～25℃、相对湿度80％以上时，在结果初至盛果期由植株自下而上迅速发生和加重。

（2）防治方法　①选用抗病品种。②种子应经温汤浸种（52℃，处理30min）。③基质消毒，合理密植（株行距40cm×40cm），摘除病叶。④用硫酸铜：生石灰：水为1：1：200倍波尔多液叶面喷施1～2次。⑤对茎秆侧枝上发生的病斑，用硫酸铜：生石灰：水为1：1：50倍药膏涂抹数次即可治愈。

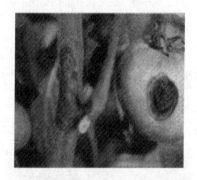

图6-12　番茄早疫病叶片　　　　图6-13　番茄早疫病茎、果实症状

5. 生理性病害及防治

（1）卷叶　由于高温干旱，强光时易出现卷叶（图6-14），另外，打杈太早或定植时伤根也会出现病害，应加强通风规范操作。

（2）畸形果　加强肥水管理和设施内的温度等环境管理，避免生产过程中氮素用量过大、低温、管理粗放等因素引起的番茄第1穗果出现畸形果（图6-15）。幼苗破心后，严把温度关，促进花芽正常分化，防止连续低温，干旱时浇水，叶面适当喷水，可有效降低畸形果的出现。

（3）裂果（图6-16）　是由苗期的高温、干旱、强光，后期浇水过多、温湿度失衡造成的，应选用抗病品种，加强苗期管理，可喷洒0.3％氯化钙防治。

图6-14　番茄生理性卷叶

图6-15　番茄生理性畸形果

图6-16　番茄生理性裂果

6. 白粉虱

（1）为害症状　被害叶片褪绿，斑驳，直至黄化萎蔫，植株生长衰弱，严重时可枯死。白粉虱（图6-17）是传播病毒的媒介。

（2）防治方法　①前茬在设施内生产时，如温室冬春茬栽植油菜、芹菜、韭菜等耐低温而白粉虱不喜食的蔬菜，可减少虫源。②用200～500倍肥皂水防白粉虱。③利用成虫的趋黄性，可在温室内设黄板诱杀成虫。

7. 蚜虫

（1）为害症状　俗名腻虫，群栖叶片背面和嫩茎，刺吸植物汁液，繁殖力强，短期可造成叶片产生褪绿斑点，造成叶片发黄、老化，生长缓慢。蚜虫（图6-18）还是病毒的传播媒介，不容忽视。

（2）防治方法　①在温室、大棚等设施内，利用成虫的趋黄性，可在设施内设置黄板诱杀成虫。②使用文菊30g/L（鲜重）可防治蚜虫。③浓度为0.3%的苦参碱植物杀虫剂500～1000倍液可防治蚜虫。④还可用200～500倍肥皂水、鱼藤酮防治蚜虫。

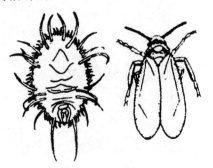

图6-17　白粉虱

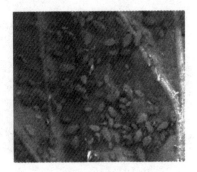

图6-18　蚜虫

第七章　有机芹菜栽培技术

芹菜（*Apium gravoolens* L.），伞形科（Apiaceae）、芹属（*Apium*），别名芹、旱芹、香芹、药芹菜、野芫荽、楚葵、水英。二年生草本植物（即第一年进行营养生长，长根、茎、叶，第二年春天进行生殖生长，抽薹、开花和结籽，完成一个繁殖的周期），以肥嫩的叶柄供食用（图7-1）。

图7-1　芹菜的形态图

芹菜原产瑞典、地中海沿岸以及西亚的高加索等地的沼泽地带。芹菜是通过"丝绸之路"经中亚、西亚传入我国。在我国栽培始于汉代，至今已有2000多年的栽培历史，如在《本草纲目》、《尔雅释草》中均有记载。芹菜种植较简便，成本低，产量高，栽培方式多，在我国南北方都有广泛栽培，在全国乃至一些夏无酷暑，冬无严寒的地区可以安排一年四季生产，进行周年供应，因此芹菜在调节市场品种方面起着重要作用。

芹菜叶柄柔嫩、清脆，食之鲜美可口，其营养丰富。含丰富的蛋白质、脂肪、碳水化合物、粗纤维、胡萝卜素、钙、铁、磷、维生素及矿物质，并含有挥发性的芳香油，具有特殊的清香和风味，能促进食欲，所以深受人们喜爱。可以炒食、凉拌和生食。芹菜自古就有药用价值。芹菜性凉，味甘辛，无毒；入肝、胆、心包经。有清热除烦、平肝、利水消肿、凉血止血、调经镇静、健脑之功效。对治疗高血压、头痛、头晕、暴热烦渴、黄疸、水肿、小便热涩不利、妇女月经不调、小儿软骨症等有利。芹菜由于性凉质滑，故脾胃虚寒，肠滑不固者食之宜慎。

第一节　生物学特性

一、植物学特性

芹菜在整个生活周期的形态器官包括种子、根、叶、茎、花以及果。

1. 种子

芹菜种子在蔬菜种子中属于最小的种子类型之一，呈黄褐色或暗褐色。表面有纵纹，无茸毛，具有很浓的味道，形似椭圆，但横切面为正五角形。一般的芹菜种子长1.5mm、宽0.8mm、厚0.6~1.0mm，千粒重约0.45g，每克粒数约2500粒。

芹菜种子多数有4~6个月的休眠期，刚采收的种子难以发芽，一般发芽率只有60%~65%。芹菜种子在超过30℃的温度条件下不易发芽，此外在有光的情况下比在黑暗中易发芽，因此发芽时提供适宜的温度条件和光照条件是关键，播种后覆盖较薄的土，能促进发芽出土。

2. 根

由于芹菜起源于空气潮湿的地中海沿岸沼泽地，水分、养分充足，长期的生长发育适应了这种生态条件，因此根系分布浅，范围也较小。属于直根系，一般根深50~60cm，最深可达1m，但大部分分布在距离地表30~40cm范围内。主根肥大，可贮藏养分，有利于移植。主根在移植过程中易被折断，便从发达的肉质主根上发生许多侧根。侧根向外生长，其上又可密生更多的二极侧根，但这些侧根只有少数能伸长到土壤深处，大量的侧根在近地面15~30cm的表层横向生长，其横向伸展范围一般可达25~45cm。

由于根是芹菜植株吸收水分和养分的器官，这种浅根系就导致了对水分、养分吸收面积小，耐旱、耐涝能力弱的特点，在易干燥的土壤，特别是在土壤含水量低于40%时，生长发育会受到严重影响，造成品质降低。但在积水的土壤中根系发育也不好，因而控制土壤湿度是芹菜生长的关键。

3. 叶

芹菜叶为二回奇数羽状复叶，叶轮生在短缩茎上，以2/5叶序展开，叶由叶柄和小叶组成。每片叶有2~3对小叶及一个顶端小叶，小叶三裂互生，到顶端小叶变成锯齿状，叶片深绿色或黄绿色，叶面积虽较小，但仍是芹菜主要的同化器官（制造光合产物的部分）。

芹菜叶的分化速度比其他叶菜类慢，出芽初期的15d左右，只有2~3片叶，其后稍有增加，发芽后120~150d分化最旺盛，这个阶段在15d内可生6~8片叶，其后生长速度下降。对于一个叶片而言，叶子首先是从叶尖开始分化，以后到基部分化，开始向上生长。所以叶的上端停止生长早，基部则在以后仍继续伸长，越是基部，伸长的量越多，这种生长方式称为"向基生长"，所以芹菜叶前端容易老化而基部较长期处在幼嫩状态。

芹菜叶柄发达，挺立，多有棱线，其横切面多为肾形，柄基部变鞘状。叶柄较长，多为60～80cm，是主要食用部位。全株叶柄重占总商品重的70%～80%，其余部分为叶片重。由于品种不同，叶柄有实心、半空心和空心3种；颜色有黄绿色、绿色、深绿色等。

4. 茎

在营养生长阶段，芹菜茎短缩，叶片着生在短缩茎上。当通过春化阶段后，茎端顶芽生长点分化为花芽，短缩茎伸长，成为花茎，又称花薹，花茎上发生多次分枝，每一分枝上着生小叶及花苞，顶端发育成复伞形花序。由于芹菜花茎主要是花薹，不是食用部分，不具备商品价值，在栽培实践上花薹抽生越早，抽得越多，商品价值越低，因此要控制花薹的抽生，才能获得品质优良的芹菜。

5. 花

芹菜的花为复伞形花序，单花为白色小花，由5枚花瓣、5枚萼片、5枚雄蕊和两个结合在一起的雌蕊组成。由于雄蕊、雌蕊的退化，两者数目的多少也不完全一致。芹菜花为虫媒花，靠蜜蜂等昆虫传粉，白花授粉率低，所以芹菜属于异花授粉植物。

6. 果

芹菜是双悬果，成熟时沿中缝裂开两半，各悬于心皮柄上，不再开裂，每个半果近似扁圆形，各含一粒种子。生产上播种的"种子"实际上是果实，外表有革质，透气、透水性差，所以发芽慢。一般浸种前要搓洗2～3遍，经过24h浸种才能保证种子吸胀，满足种子发芽初期的水分要求。

二、生长和发育

芹菜从播种到长成种株开花结实，完成一个生育周期需经历营养生长和生殖生长两个时期。

1. 营养生长期

（1）发芽期　从种子萌动到子叶展开。芹菜种子细小，外皮革质发芽困难，播种前应进行浸种催芽。芹菜种子催芽处理后，从环境中获得适宜的水分、温度和空气条件，种子破裂，开始发芽。先长出幼根，然后两片子叶顶出地面，平展生长，需7～10d，这个时期叫发芽期。

（2）幼苗期　从子叶展开到4~5片真叶。幼苗适应能力较强，能耐−7℃的低温，适宜生长温度为15~20℃，超过26℃生长不良。此时同化能力较弱，生长速度慢，应根据天气情况加强苗期管理，保持土壤湿润，培育壮苗。

（3）叶丛生长初期　又叫植株缓慢生长期。从4~5片真叶到8~9片真叶，株高25~35cm，在15~20℃下需生长30~40d。由于移栽后营养面积扩大，受光面积较大，新叶呈倾斜状态生长，这是外叶生长期的显著特征。因为外叶的不断生长，叶面积加大，群体密度加大，外叶受到光的影响，便由倾斜生长逐渐转向直立生长，进入"立心期"。"立心期"是芹菜由外叶生长期即叶丛生长缓慢期转入心叶肥大期的临界期表现，标志着芹菜已积累了一定的营养物质供心叶迅速生长，如果此时外界也能给予充足的营养，那么叶的生长会更加良好和旺盛。

（4）叶丛生长盛期　又叫植株生长旺盛期。从8~9片真叶到11~12片真叶，此时叶柄迅速增长肥大，生长量占植株总生长量的70%~80%，在15~20℃下需生长30~60d。这段时间的芹菜旺盛生长，每天可长1~2cm，约30d最大叶片可高达40~50cm，以后很快达到采收标准。这期间根系生长也旺盛，侧根、须根布满整个耕层，有时地表尚可见到白色的翻根现象。到此时，营养生长期结束。叶的生长期由于品种、栽培季节和条件的不同，此期间经历的时间也存在着差异，一般露地春、秋芹菜为60~70d。

2. 生殖生长期

（1）花芽分化期　芹菜无论是处于幼苗期的植株，还是心叶肥大后的植株，从花芽分化后即进入生殖生长期，其表现就是抽薹、开花、结籽。

当芹菜的生长点经受一定时间的低温长日照后，叶片的分化便停止，生长点分化成花芽。低温是通过春化的主要条件，低温界限为15℃以下，其中以5~10℃最强，只需10d以上时间即通过春化。5℃以下花芽分化的反应反而迟缓，在16~22℃的常温条件下一般不发生抽薹现象。通过春化花芽分化后，在高温、长日照条件下即可抽薹开花。

（2）抽薹期　芹菜通过了花芽分化的越冬植株，或小株采种（即当年播种的植株），在3~4月的长日照条件下，随着气温增高，花薹生长并逐渐地抽出。花薹抽生的同时花蕾也慢慢长大，到第一朵花开蕊前这段时期就叫做抽薹期。

（3）开花结果期　第一朵花开花后，其余的花也就陆续开始。花开以后雄蕊先熟，花药开裂2～3d后，雌蕊柱头一分为二，表明已经可以接受花粉受精。靠蜜蜂等昆虫进行异花传粉，授粉后30d左右达到成熟期，50d达到枯熟脱落。从开花到种子成熟约需2个月。

三、对环境条件的要求

1. 温度

芹菜属耐寒性蔬菜，其生长要求冷凉温和的气候。生长期间适宜的温度为15～20℃，不耐热，26℃以上高温使生长受阻，品质变劣，且易发生病害。种子发芽最低温度为4℃，最适宜温度为15～20℃，7～10d出芽；低于15℃或高于25℃，将会降低发芽率和延迟发芽的时间。30℃以上几乎不发芽，变温比恒温更易发芽。幼苗能耐-4℃～-5℃低温，成株可耐短期-7℃～-10℃低温。但品种间耐低温的能力有差异。

芹菜的生长发育有一定的昼夜温差是很好的，白天温度适宜，有利于光合同化作用制造营养物质，夜间温度低可降低呼吸作用对光合产物的消耗，有利于养分积累。夜温太高，则消耗的养分多，不利于叶丛和叶柄的膨大，易发生徒长，严重脱叶，对产量和品质影响均大。昼夜温差以5℃以上为宜。

芹菜幼苗阶段即可通过低温春化，3～4片叶的幼苗，在10℃以下温度，经过10～15d后完成春化阶段。苗越大，通过春化阶段的时间越短。在15℃以上时繁殖种子和萌动的种子都不能通过春化。

2. 光照

芹菜属低温长日照作物。光照对芹菜生长发育有一定的影响。芹菜种子发芽时需要弱光，处于完全黑暗条件下发芽迟缓。幼苗如果通过春化阶段，以后在长日照条件下通过光周期而抽薹开花。芹菜在营养生长期不耐强光，喜中等光，适宜的光照强度为（1～4）×10^4lx。所以在南方种植芹菜可利用纱罩、遮阳网等遮光，从而有利于芹菜的生长。在生产上利用芹菜这一特点，适当密植，有利于增产。在生殖生长阶段强光能缩短种子成熟期，减少病害的发生，提高种子的质量和产量。

营养生长期对光照要求不太严格，喜中等光照，不耐强光。光照强度过大，外叶会向外扩展（即叶片有横长的趋势），"立心期"推迟到来，使成熟期延后。因此在叶丛生长旺盛时期，适当遮阳，降低光照度，有利于心叶肥大，提高产量。此期如果温高、光强，易使芹菜叶柄老化，纤维增多，品质降低。

长日照可促进芹菜苗端分化花芽，促进抽薹开花；短日照可延迟开花，促进营养生长。即使在营养生长期间，日照的长短对营养体的形态发育也有较大的影响。日照时间延长，植株表现直立性；短日照条件下，植株表现开展性。日照时间长，会增加株高；日照时间短，会推迟"立心期"的到来。适宜的日照时间为8~12h。

3. 水分

芹菜属浅根系蔬菜。根系入土浅，分布范围窄，吸水能力弱，对水分要求严格。在干旱条件下生长不良。芹菜整个生长过程始终要求充足的水分条件，在营养生长盛期适宜的土壤相对湿度是80%~90%。如果在生长过程中缺水，叶柄中厚壁组织加厚，纤维增多，甚至叶柄空心、老化，产量、品质均下降。根据芹菜喜湿的特点，生产上注意经常浇水，保持土壤湿润，是提高芹菜产量和品质的重要措施。

4. 土壤与营养

芹菜根系较弱，吸收能力差，但植株产量高，所以要在有机质含量丰富、保水保肥力强的壤土或黏壤土栽培。沙壤土或沙土易漏水、漏肥，芹菜生长不良，还易发生叶柄空心现象。芹菜在微酸、微碱性的土壤中生长均适宜，耐碱性较强，适宜范围在pH值6.0~7.6。

芹菜要求比较全的肥料，生长的任何时期氮、磷、钾都是必需的。在整个生长过程中，氮肥始终占主要地位，其中氮磷钾的吸收比率本芹为3∶1∶4，西芹为4.7∶1.1∶1。氮肥缺乏，不仅植株矮小，产量降低，而且易发生叶柄空心、老化，降低品质。土壤缺磷时幼苗瘦弱，叶柄不易伸长。钾肥可促进养分的运输，抑制叶柄无限制地伸长，促使叶柄粗壮、肥大、光泽好，有改善品质的作用。芹菜对微量元素也有特别的需求，在土壤干旱，氮、钾肥过多，钙不足或过多的情况下，植株表现为缺硼。缺硼的芹菜叶柄上易发生褐色裂纹，下部则有劈裂、横裂、株裂等现象发生，或发生心腐病，使生长发育明显受阻。当土壤缺钙，或氮、钾肥过多，阻碍了钙的吸收时，芹菜缺钙；当高温、干旱，或地温过低时，根系吸钙受阻，植株也表现缺钙。钙的不足会发生心腐病而使芹菜不能正常生长发育。因此，生长中应注意增施微量元素。钙可以在基肥中补充或追肥中施入，硼则一般采用叶面喷雾来补加。

第二节　类型及品种

一、类型

芹菜分本芹和西芹两种类型。本芹为我国劳动人民经过不断筛选和培育，形成了细长叶柄型的芹菜栽培种；西芹为20世纪30年代传入我国的外来品种。西芹较本芹表现在植株高大，叶柄宽，厚而扁，纤维少，纵棱突出，多实心，味较淡，产量高，单株重达数斤。本芹依叶柄的颜色分为白色种和青色品种。西芹依叶柄的颜色也可分为绿色品种和黄绿色品种。

二、品种

（1）天津白庙芹菜　天津白庙芹菜为天津市郊区农家品种，我国北方地区普遍栽培。株高70cm以上，叶柄长而肥厚，宽约4.5cm，厚约0.8cm，实心，纤维少，叶片黄绿，品质好，风味浓，单株重200g，春季栽培不易抽薹，可周年栽培。亩产5000kg。

（2）天津黄苗芹菜　天津黄苗芹菜为天津市郊区地方品种。植株生长势强，叶柄长而肥厚，叶色黄绿或绿，实秆或半实秆，单株重500～600g，纤维少，品质好，春季栽培不易先期抽薹，耐热，耐寒，可四季栽培。亩产5000kg。

（3）潍坊青苗实心芹菜　潍坊青苗实心芹菜为山东省潍坊地方品种。株高80～100cm，叶片深绿色，有光泽，叶柄细长，最大叶柄长70cm，宽1cm，厚0.5cm，叶柄绿色，有实秆和半实秆品种，纤维少，品种好，耐低温，冬性强，不易先期抽薹，适于早春、秋延后及越冬栽培。亩产5000kg左右。

（4）桓台实心芹菜　桓台实心芹菜为山东省桓台县地方品种。植株生长势强，株高90cm左右，最大叶柄长70cm，宽约1.1cm，厚约0.5cm，叶柄实心，叶色深绿，质地脆嫩，品质好，单株重500g以上，较耐寒，冬性强，不易抽薹，适于四季栽培。亩产5000～7000kg。

（5）玻璃脆　为河南省开封市从西芹与实秆青芹自然杂交后代中选育出的品种。植株生长势强，株高70～80cm，叶绿色，叶柄黄绿色，最大叶柄长60cm，宽0.95cm，秆粗，实心，纤维少，质脆，品质佳。不易衰老，色如碧玉，透明发亮，该品种耐热，耐寒，适应性强，适于四季栽培，尤其适于保护地越冬

栽培。单株重0.5kg，亩产5000～7000kg。

（6）津南实芹1号 为天津市南郊区双港乡农科站从当地白庙芹菜中选育的新品种。生长势强，株高55～60cm，生长速度快，叶柄实心，淡绿色，香味适中，口感好，单株重0.25kg，生长天数150d左右。该品种耐低温，抗寒，早熟，抽薹晚，产量高。适于四季栽培，尤其适宜越冬保护地栽培。亩产5000kg。

（7）春丰芹菜 为北京市农业科学院蔬菜研究所培育的品种。植株直立，生长势强，株高70～80cm，叶柄实心，叶柄长，浅绿色，质脆嫩，叶片绿色，该品种抗寒性强，适应性强，生长速度快，不易抽薹，适于春季和越冬保护地栽培。亩产3500～5000kg。

（8）空心绿秆芹菜 为陕西省宁强县地方品种。株形较矮，株高45cm左右，叶柄细小，最大叶柄长25cm，宽0.6cm，厚0.2cm，叶柄绿色，空心，纤维少，品质优良，叶片为浅绿色，单株重50g，适于春季栽培。

（9）早青芹菜 又名黄心芹菜，分布于上海、南京等地。株形较矮，株高30～40cm，叶柄粗短，最大叶柄长23cm，宽1cm，厚0.5cm，呈浅绿色，空心，纤维较多，品质较差，叶绿色，心叶黄色，不耐寒，早熟，适于夏季栽培。

（10）小花叶芹菜 在河南省柘城县及商丘等地栽培较多。株高80cm，叶柄绿色，中空，叶片浓绿色，较小，生长快，单株重400g左右，适于秋季栽培。

（11）乳白梗芹菜 为湖南省长沙市地方品种。植株矮小，株高35cm左右，叶柄粗短，最大叶柄长21cm，宽1cm，厚0.5cm，呈浅绿色，空心纤维少，品质较好，叶片呈浅绿色，单株重60g，生长期很短，适于秋季栽培。

（12）黄心芹菜 为浙江省仙居县地方品种。植株高大，生长势强，株高120cm左右，最大叶柄长100cm，宽0.8cm，厚0.5cm，呈浅绿色，空心，纤维少，叶片浅绿色，风味浓郁，单株重300g，适于秋季栽培。

（13）高犹他 高犹他抗性较强，植株较大，叶色深绿色，叶片较大，叶柄肥大，宽厚，横断面呈半圆形，腹沟较深，叶柄抱合紧凑，质地脆嫩，纤维少，从定植到始收110d，在长江中下游及南方大部地区都可作春、夏、秋季播种栽培。

（14）佛罗里达683 是中国农业科学院蔬菜花卉研究所从美国引进的西芹品种。植株生长强势，株高60cm，叶片和叶柄均为深绿色，叶柄实心，质地柔嫩，纤维少，味道浓，品质优，平均单株重0.4kg，亩产6000kg。

（15）美国芹菜 是中国农业科学院蔬菜花卉研究所由美国引进的品种。植株生长势强，株高70cm左右，叶柄肉质较厚，嫩脆，最大叶柄长45cm，宽2cm，厚1.5cm，绿色，实心，纤维少，叶片绿色，风味淡。单株重600g，品种较耐寒。亩产6000～7000kg，适于春季和越冬栽培。

（16）犹他52—70 从美国引进。植株粗壮，生长旺盛，株高60～70cm。叶片深绿，较大，叶柄肥厚，抱合紧凑，实心，纤维少，脆嫩，品质好。单株重1kg，生育期130d。抗病性较强，但叶片易老化空心。春季抽薹晚，基部易分蘖，适应性强。华南、华北地区可栽培。

（17）荷兰西芹 从荷兰引进。植株粗壮，株高60cm以上，叶柄和叶色深绿色，叶柄宽厚，实心，组织致密，脆嫩，味甜。单株重1kg，抽薹晚，耐寒性强，不耐热。适于秋季栽培和保护地栽培。

第三节 栽培季节

芹菜是喜好冷凉的蔬菜，幼苗能耐较高湿和较低温，要使芹菜高产优质，应把它的旺盛生长期安排在冷凉的季节里。一般冬季平均气温不低于–5℃的地域，不需要保护便可越冬，冬季平均气温在–10℃以下的地区，需要搭设风障，进行地面覆盖才能安全过冬。芹菜的栽培季节，在我国南、北各地差异较大。

长江流域和华南地区夏季炎热，冬季温暖，芹菜的适宜栽培季节在春、秋、冬季。秋播可以从7月上旬到10月上旬，7月上旬播种的主要在9～10月采收。一般采用早熟耐热的品种，播种时应采取防热措施，如用遮阳网覆盖。8月上旬播种，可在次年1月以后采收。于9月或10月上旬播种的则于次年3～4月抽薹前收获完毕。春播以3月为播种适期，过早播种易抽薹，过迟则影响产量和品质。在广东地区，配合山区夏天反季节栽培，可实现周年供应。

在华北、东北等地区春、秋两季气温较低，较适合芹菜生长，但冬季较寒冷，应采取保护地栽培。一般播期从6月中旬到8月初，根据市场需求分期播种。1～3月可在保护地内育苗，露地定植，于5月中旬至6月下旬收获；3月中旬以后播种的采用露地直播，6～7月采收上市。

第四节 栽培技术

一、育苗

1. 播种期的选择

由于芹菜可以进行周年栽培，因此，在确定和选择播种期时，在保证苗期不受寒害和酷暑时，应充分考虑市场因素，适当提早播种。

2. 苗床设置

苗床的设置是芹菜育苗中保证出齐苗、出匀苗、出壮苗的关键环节，主要包括选好育苗地，整地施肥，精心播种等技术。

选地势高燥、排水良好的地做苗床，防止秋雨过多造成积水。以沙壤土最好，黏土地发板，沙土地保不住水，都会造成育苗困难。芹菜种子小，顶土能力弱，因此对整地要求很严格，同时要施腐熟的人畜粪尿，施后将肥和土混合均匀，然后耙细刨平作畦。做成宽1~1.2m，长6~10m的育苗畦，挖好排水沟。如果是地势较低处，可设法做高畦，以防积水。

3. 种子选择和处理

应使用有机芹菜种子和种苗。在得不到认证的有机种子和种苗的情况下（如在有机种植的初始阶段），可使用未经禁用物质处理的常规种子。禁止使用包衣种子和转基因种子。应选择叶柄长、叶梗嫩黄、空心、纤维少、丰产、抗逆性好、抗病虫害能力强的品种。

在播种前5~7d，进行浸种催芽。一般选用上年的陈种子。如果采用新种子，则可用5mg/kg赤霉素浸种10~12h，以打破种子休眠，提高发芽率。把经过筛选的种子用15~20℃的清水浸泡24h，然后轻轻地揉搓种子，期间不断换水清洗，用种子量5倍的细沙拌种子，放在干净的瓦盆中，或是用纱布等包好，放在15~20℃见光的地方催芽。每天翻动1~2次。用细沙拌的种子，当发现沙子表面见干时应及时补充少量的水分；而用纱布等包裹的种子要做到每天用清水洗一次，以洗掉种子上的黏液。高温季节催芽，需要采取一定变温技术，保证适宜的催芽温度。

4. 播种

播种前先浇足底水，可多浇些，等水全部下渗后立即播种，其目的是让芹菜种子与湿泥紧贴，有利于保持水分出苗。播种时一定要撒匀，可以与细沙土混匀后撒播，一般每亩苗床播种3kg左右，可供4~5倍苗床地的大田栽培。播后要及时覆土，最好用筛过的细土。由于芹菜种子特别细小，所以要做得精细些，覆土一定要掌握厚薄一致，有一韭菜叶厚就行了，太厚不能正常出苗，常出苗不整齐。

5. 苗期管理

芹菜以播种到定植时间较长，一般为60~70d，应根据当年的气候条件，按照幼苗生长发育特点，把苗期管理抓好，做到不死苗，生长健壮，为春芹菜优质高产奠定基础。

芹菜育苗前期主要靠浇足的底水供应生长，特别是在子叶展平露心之前，如这时浇水使苗床过湿极容易造成死苗或黄苗。真叶出现后，如发现地表开始干时，可少量浇水，一般靠自然降水就能满足需要。如遇干旱年份，地表干裂，幼苗萎蔫，下午3~4点还未恢复正常的，要及时浇水。肥料主要靠底肥，一般不施追肥，如育苗地较瘠薄，肥力不足，或临近定植期而苗不够高时，可追施少量化肥，如每亩施硫铵10~15kg，以促苗生长。

芹菜喜湿，整个苗期均应以小水勤浇为原则，保持湿润的土壤条件。在播种后出苗前，用喷壶浇水；出苗后至2~3片真叶前，因根系较少，间隔2~3d浇水一次，以保持畦面见干见湿状态；当长到5~6片叶时，为防止徒长，应适当控制水分，并注意虫害的发生（蚜虫）。浇水时间上控制以早晚为宜，并结合进行间苗除草。

二、定植

1. 土壤消毒与地块选择

定植田块的选择：①有机芹菜基地应选择空气清洁、水质纯净、土壤未受污染、具有良好生态环境的地区，其环境因子指标应达到国家土壤质量标准、灌溉水质量标准和大气质量标准等。基地的土地应是完整的地块，其间不能夹有进行常规生产的地块，但允许夹有有机转换地块；有机蔬菜基地与常规地块交界处必须有明显标记，如河流、山丘、人为设置的隔离带等。②芹菜的主要病虫害有叶枯病、软腐病、菌核病、病毒病及蚜虫、根结线虫病等，因而选择定植地时应注意避开前茬有这些病虫害的田块。前茬以大豆、茄果类或其他大田作物为好。定植田块应通风、阳光充足、土质疏松肥沃，前茬作物收获后应立即深翻，适当晒垡，搞好排灌设施。

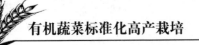

定植田块的整地作畦：由于秋芹菜定植密度大，定植后在田间生长期长达80～100d，所以定植时应翻耕晒地，作畦时必须施足底肥。秋季栽培多采用高畦，畦宽1～1.7m不等，沟深15～20cm。

定植方法：定植前应将苗床淋透水，以随起苗随定植为原则。定植时间大多选在下午高温过后或阴天，选用健壮、无病、大小一致的幼苗单株定植。为便于管理，大小苗应分开定植，定植的密度因品种而异。一般株距10～15cm，每穴2～3株，其中西芹要偏大一些，株距16～20cm为宜。每亩以3.5万～4.5万株为宜。

2. 基肥

芹菜底肥要施足，对于有机芹菜栽培要求以多增施腐熟的有机肥为主，增施磷、钾肥，氮、磷、钾肥配合，配施微量元素肥料，以及适时追肥，以满足作物健壮生长的需要，提高芹菜抗病能力。

一般每亩施腐熟有机肥6000～9000kg，并配合施入磷酸二铵100kg、草木灰100kg、尿素10kg，然后深翻20～30cm，使土肥充分混合，耙平作畦后准备定植。

三、田间管理

1. 温度管理

因芹菜可周年栽培，不同季节温度管理不一。但气温在15～20℃时，是芹菜生长最适宜的时期，因此视天气冷暖情况，如冬季栽培时在强寒流到来之前覆膜，棚膜宜选用无滴膜或防雾膜，覆膜后浇水宜选择在晴天，且浇水不可过多，保持土壤湿润即可，每次浇水后要及时通风排湿；在午间温度高时要及时通风换气，温度过低时，加盖草苫和防雨膜；夏季栽培则要做好遮阳管理措施。

2. 肥水管理

芹菜喜欢湿润，要求土壤保持湿润，夏季气温高，浇水应勤，随着气温的下降，浇水次数应减少。芹菜为浅根系作物，栽植密度大，除应施足基肥外，在生长期中还应适当追肥，追肥以速效性氮肥为主，配合磷、钾肥，追肥宜勤施薄施。前期以氮、磷肥为主，后期增施钾肥。水分和养分不足，叶片易空心。做到定植后3～5d浇缓苗水。20～25d追施有机肥1次，生长中后期及时浇水，采收前10d停止浇水，利于贮藏。

3. 中耕除草

芹菜前期生产较慢，常有杂草为害，因此应及时中耕除草。一般在每次追肥前结合除草进行中耕。由于芹菜根系较浅（特别是分过苗的），中耕宜浅，只要达到除草、松土的目的即可，不能太深，以免伤及根系，反而影响芹菜生长。

四、采收

芹菜采收因播种期和品种不同而异，生长期一般在100～140d。有6～8片真叶时即可根据市场需求采收上市。芹菜采收不宜过晚，以免产量及品质下降，降低商品性。一般都采取1次采收的方法，也可根据市场需求采取多次采收的办法，收获后入窖进行贮藏一段时间后可分级包装上市。

第五节　主要病虫害防治

一、主要病害

1. 霜霉病

（1）发病特征　叶片受害最重，发病初期叶面产生褪绿的斑块，叶背面长有白色霜状物，病斑扩大后由于受叶脉限制而呈不规则或多角形，病斑连成一大片，叶片变黄枯死（图7-2）。霜霉病是真菌性病害，田间排水不良、潮湿均利于病害发生。

图7-2　芹菜霜霉病整株、叶片

（2）防治方法　①选用抗病品种，培育无病壮苗。②增施充分腐熟的有机肥，不施未经腐熟的有机肥，特别是畜禽粪，注意氮、磷、钾平衡使用。③加强设施防护，充分发挥防虫网的作用，减少外来病源。④在越冬前清除园内残株枯叶，并通过深翻土壤消灭大量越冬病菌。⑤通过轮作减轻病害发生。改善田间通风和排水，降低土壤和空气湿度，减少发病条件。

2. 斑枯病

（1）发病特征　芹菜斑枯病又名叶枯病。植株的茎、叶柄、叶和种子均可受害。叶上病斑圆形，淡褐色，油浸状，逐渐变褐色，边缘明显，病斑上生黑色小点，严重时病叶变褐干枯。叶柄和茎上的病斑长圆形，稍凹陷，也生有黑色小点（图7-3）。

图7-3　芹菜斑枯病叶片、叶柄

芹菜斑枯病是真菌病害，病菌主要在种子上越冬，也可随病残体在土中越冬，适宜发病的温度为20~25℃，在适宜的温度条件下，雨水多，湿度大，通风不良，土壤干旱或缺肥，植株生长不良都易引起发该病。

（2）防治方法　①选用无病种子或种子消毒。芹菜斑枯病菌的致死温度为48~49℃，因此，可在大田播种前用此温度热水浸种30min，浸种时不断搅动。②平衡施肥。底肥要施用充分腐熟的有机肥，追肥中要增施磷、钾肥，控制氮肥的用量，尽量再喷施一些叶面肥和微肥，增强植株的抗性。③降温排湿。白天温度控制在15~20℃，超过20℃时要及时放风，夜间控制在10~15℃，缩小昼夜温差，减少结露，切勿大水漫灌。

3. 软腐病

（1）发病特征　该病又称"烂疙瘩"。主要发生于叶柄基部或茎上。一般先从柔嫩多汁的叶柄组织开始发病，叶柄先出现水浸状，形成淡褐色纺锤形或不规则形的凹陷斑，后呈湿腐状，变黑发臭，仅残留表皮。

该病是细菌性病害，病原菌主要随病株残体在土壤中越冬。田间的发病株，春天的带病采种株，土壤中、堆肥里的病残体上都有大量病菌，是主要的浸染来源。病菌主要通过昆虫、雨水和灌溉水传染，从芹菜的伤口侵入。由于芹菜软腐病的寄生源广泛，所以能从春到秋在田间各种蔬菜上传染繁殖，对各个季节栽培的芹菜都可造成为害（图7-4）。

图7-4　芹菜软腐病

（2）防治方法　①选用抗病品种，无病土育苗，播种前用新高脂膜拌种能驱避地下病虫，隔离病毒感染，提高种子发芽率。②合理轮作，芹菜软腐病主要通过土壤等传播，重茬地的土壤中易积累大量的病菌，连茬势必易发病和加重病情，应实行两年以上的轮作。③栽培管理。在定植、中耕、除草等各种操作过程中，应避免伤根或使植株造成伤口，及时配合喷施新高脂膜可防病菌侵入。定植不宜过深，培土不应过高，以免叶柄埋入土中；雨后及时排水；发现病株及时清除，并撒入石灰等消毒；发病期减少或停止浇水，防止大水漫灌。适当增施磷、钾肥，增强植株的抗病力。④及时防虫。昆虫也能在植株上造成伤口，导致发病，应及时防虫。

4. 灰霉病

（1）发病特征　本病可在芹菜生长的各个时期发生，主要为害保护地芹菜，苗期受害，从根颈部开始发病，茎基部出现水浸状斑，在保护地湿度大的条件下，从水渍状处长出白色霉层。成株期发病，新老叶片及叶柄部均可受害，初期为水渍状斑，以后缢缩，叶柄折倒或折断，潮湿时，断处长满灰白色霉层，严重时，芹菜整株腐烂（图7-5）。

图7-5　芹菜灰霉病叶片、叶柄

该病是由真菌引起的病害，病菌以菌丝体随病残体在土中越冬。在保护地中管理粗放、光照不足、高湿（相对湿度90%以上）、温度较低（20℃以下）时有利此病发生，发病率在50%左右。在阴雨天，气温偏低，不及时放风，棚内湿度大时，病害严重。

（2）防治方法　①用优良抗病品种。②采用生态防治方法，加强通风管理。即晴天上午放风，使棚温迅速升高，当棚温升到33℃，再开始放顶风，31℃以上高温可减缓该菌孢子萌发速度，推迟放孢量。当棚温降到25℃以上，中午继续放风，使下午棚温保持在25～20℃；当棚温降到20℃，关闭通风口以减缓夜间棚温下降，夜间棚温保持15～17℃。阴天打开通风口换气。③浇水宜在上午进行，发病初期适当节制浇水，严防过量，每次浇水后，加强管理，防止结露。④及时清除病株并烧毁或深埋。

5. 病毒病

（1）发病特征　本病又称花叶病、皱叶病、抽筋病等，主要为害叶片。一般表现为黄绿相间斑纹，后呈褐色枯死斑，也可出现边缘明显的黄色放射状病斑，并在全叶散生许多小点。病叶缩短，向上卷曲，心叶停止生长，甚至扭曲，全株缩小，有的叶片变细呈丛生状（图7-6）。

图7-6　芹菜病毒病叶片

该病是由病毒引起的病害，病毒主要在土壤中、病株残体上及多年生寄主体内越冬，依靠蚜虫和汁液传播。芹菜黄斑病毒主要靠汁液传播，在高温、干旱、缺肥、缺水、植株生长不良情况下发病较重，尤其是苗期遇到上述条件时发病较重，蚜虫发生严重时，发病也重。

（2）防治方法　①选用抗病品种。②加强栽培管理。芹菜育苗期易感病，需降低苗床温度，减少光照，合理灌水，剔除病苗，培育壮苗。高温干旱季节育苗，应搭棚遮阳。③合理施肥，促进植株健壮生长，提高抗病力。④治蚜防病。全生育期要治蚜、避蚜、防蚜。

6. 根结线虫病

（1）发病特征　芹菜根结线虫病只发生在根部，侧根和须根最易受害。发病初期，侧根和须根上产生很多大小不等的瘤状根结。根结以上部分常产生细小新根，以后再感染又形成根结状肿大。发病轻的植株地上部没有明显症状，重病株地上部分表现生育不良，植株较矮小，叶色暗淡，但病株很少提早死亡。在天气干旱或浇水不及时，常表现缺水萎蔫状（图7-7）。

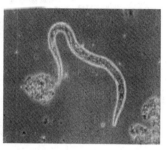

图7-7　芹菜根结线虫病

芹菜根结线虫病是由线虫侵染引起的。线虫以2龄幼虫在土壤中，或以卵随病株残体在土壤内越冬，次春条件适宜时越冬卵孵化为幼虫，越冬幼虫继续发育，遇有寄主植株，幼虫从幼嫩根部侵入，刺激细胞增生，形成瘤或结。根结线虫在地温25～30℃，土壤持水量40%左右时生长发育最适宜，在10℃以下停止活动，55℃下5min致死。根结线虫是好气性的，凡地势高燥、结构疏松、含盐量低呈中性状态的沙质土壤，均适于线虫的活动，因而发病严重。低洼潮湿、结构板结的黏重土壤等不利于线虫活动，故发病较轻，4个月以上的长期浸水或长期干燥土壤，线虫即死亡。

（2）防治方法　①选用抗病品种。②发病重的地块可实行3～4年轮作，可与葱、蒜、韭菜等蔬菜轮作，最好与禾本科作物如小麦、谷子等轮作。③选用无线虫的地块育苗。④对发病地块，大棚内夏季深翻，并进行大水漫灌或密闭大棚提高棚温，使棚内土温达到60℃以上杀死虫卵。⑤增施有机肥料，不仅增强植株的抗性，同时可增加天敌微生物。⑥田间发现病株或收获后，把病株残体集中烧毁或深埋，以减少田间病源。

二、主要虫害

1. 蛴螬

（1）发病特征　蛴螬俗名白地蚕、白土蚕、地蚕等（图7-8）。蛴螬在国内分布很广，各地均有发生。蛴螬的食性很杂，是多食性害虫，能够为害多种蔬菜。主要在地下为害，咬断幼苗根茎，切口整齐，造成幼苗枯死。

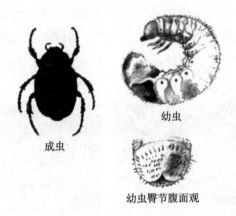

成虫　　　　幼虫

幼虫臀节腹面观

图7-8　蛴螬生长形态图

蛴螬的幼虫和成虫的发生与气候条件的关系极为密切。终年栖息于土中，土温变化是影响其生长发育的重要因素。活动的最适地温为13～18℃，超过23℃活动即逐渐下降，至5℃以下就完全冬眠越冬，第二年地温在5℃以上时，又开始活动。

（2）防治方法

①做好预测预报工作。调查和掌握成虫发生盛期，采取措施，及时防治。

②农业防治。实行水、旱轮作；在芹菜生长期间适时灌水；不施未腐熟的有机肥料；精耕细作，及时镇压土壤，清除田间杂草；大面积春、秋耕，并跟犁拾虫等，可将一部分成虫或幼虫翻至地表，使其冻死，或被天敌捕食，一般可降低虫量15％～30％。发生严重的地区，秋冬翻地可把越冬幼虫翻到地表使其风干、冻死或被天敌捕食，机械杀伤，防效明显。同时，应防止使用未腐熟的有机肥料，以防招引成虫来产卵。化肥中碳酸氢铵、氨水、腐殖酸铵等含氮肥料施用后，能散发出有刺激性的氨气，对害虫有一定的驱避作用。

③物理方法。有条件地区，可设置黑光灯诱杀成虫，减少蛴螬的发生数量。

④生物防治。利用茶色食虫虻、金龟子黑土蜂、白僵菌等天敌进行防治。

2. 蝼蛄

（1）发病特征　蝼蛄又名土狗子等（图7-9）。蝼蛄的成虫和若虫均能为害，可以在土中咬食刚播下种子的幼芽，或把幼苗的根茎部咬断，致使幼苗倒伏，凋萎而枯死。

成虫

图7-9　蝼蛄的成虫、若虫

蝼蛄生活在土壤中，因此土壤的温度对其活动有很大的影响，当气温在12～19℃，20cm深的地温在15～20℃时，蝼蛄活动旺盛，为害最大，温度高于或低于这个范围，蝼蛄就要潜入土壤深处。由于保护地内地温较高，蝼蛄的为害也较早。

土壤湿度对蝼蛄的影响也很大，一般在10～20cm深的土层中，土壤含水量在20%以上时，活动最盛，小于15%时活动减弱。

（2）防治方法　①水旱轮作，与水稻轮作，在淹水条件下可淹死害虫，可减少害虫的发生。②苗畦要适当深耕细作，消除杂草，使土中害虫的生活条件恶化，从而抑制害虫的发育和繁殖，促进芹菜生长发育，增强抗虫害能力。③灯光诱杀。蝼蛄的趋光性很强，在羽化期间，晚上7～10点可用灯光诱杀。施用有机肥料必须充分腐熟，不腐熟的有机肥料，如饼肥或粪肥，能促使多种害虫发生。

3．小地老虎

（1）发病特征　小地老虎俗名黑地蚕、土蚕等（图7-10）。小地老虎成虫活动受气候影响很大，10～16℃时活动最盛，低于3℃或高于20℃时则活动较少，因此小地老虎在春季为害最严重。小地老虎适于潮湿的土壤环境，在低洼、多雨湿润的地区发生量大，它主要分布在河、湖、低洼内涝、雨水多的地区。另外，在栽培中管理粗放，田间杂草多，成虫产卵多，则为害严重。

（2）防治方法　①清除虫源。早春及时铲除地头、田边、地埂及路旁的杂草，集中于田外沤肥或烧毁，以消灭草上的虫卵，秋翻地或冬翻地并冬灌，可以杀死部分越冬幼虫或蛹，减少第二年的虫量。②诱杀防治。一种方法是用电击式杀虫灯诱杀成虫。③人工捕捉。3龄以上的幼虫，可在早晨刚咬断幼苗附近的表土层中捕捉。④用泡桐树叶和蓖麻叶诱杀，采新鲜的泡桐树叶，用水浸泡后，每亩地放50～70张，每亩地放蓖麻叶20～30张，于傍晚放在被害田里，次日清晨人工捕捉叶下幼虫。

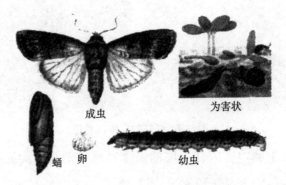

图7-10　小地老虎生长形态图

第八章　有机菠菜栽培技术

菠菜（*Spinacia oleracea*）又名波斯草、赤根菜等。原产亚洲西部的伊朗（古称波斯国）。目前，世界各国普遍栽培。我国南北各地均有种植。

菠菜为藜科一二年生草本植物，是一种重要的绿叶蔬菜。其耐寒性、适应性强，生长周期短，春季返青早，抽薹较晚，一年内可多茬栽培，是春、夏、秋三季的重要绿色蔬菜。菠菜是我国广大农村地区分布最普遍、群众食用最广泛的蔬菜。由于菠菜栽培技术简单，基本没有自然灾害，其经济效益较可靠，所以是广大农业地区增加经济收入的项目之一。有机菠菜见图8-1。

图8-1　有机菠菜

菠菜的营养较丰富。菠菜含有丰富的胡萝卜素、维生素C、蛋白质及钙、铁等矿物质，是营养价值较高的蔬菜。此外菠菜还具有药用价值，能滋阴补血、滑肠通便，有养血、止血、润燥等功能，还能促进胰腺分泌，助消化。

第一节　生物学特性

一、植物学特征

（1）根　菠菜有较深的主根，较发达。直根略粗稍膨大，上部红色，贮藏养分，味甜可食。主要根群分布在25~30cm根层内。侧根不发达，不适宜移栽。

（2）茎　营养生长期间为短缩茎，生殖生长期间花茎伸长，高66~100cm。

（3）花　菠菜的花为单性花，少数有两性花。雌雄异株，少数雌雄同株。雄花穗状花序，着生在花茎顶端或叶腋中，无花瓣，花萼4~5裂，雌蕊数和花萼相同。花药纵裂，花粉多，黄绿色，风媒花。雌花簇生在叶腋内，无花瓣，有雌蕊一个，柱头4~6个，花萼4~5裂，包裹着子房，子房1室，内有一个胚珠。

（4）叶　抽薹以前菠菜的叶片簇生在短缩茎上，根出叶。叶形有圆叶和尖叶两种。圆叶菠菜叶大而肥厚，叶面光滑，卵圆形或戟形；尖叶菠菜叶片狭小而薄，戟形或剑形，先端尖锐或钝尖。菠菜的叶色浓绿，质地柔软，叶柄细长，为主要食用部分。

（5）果实和种子　菠菜的果实为胞果，呈不规则的圆形，其内有1粒种子，被坚硬的革制果皮包裹。分为有刺和无刺两种。内果皮木栓化，厚壁细胞发达，水分空气不易透入，所以种子发芽较慢。

二、对环境条件的要求

（1）温度　菠菜耐寒力强。特别是尖叶菠菜有些品种在4~6片叶时，当温度缓慢下降时，可耐短期−30℃，甚至−40℃的低温，根系和幼芽不受损伤，仅外叶受冻枯黄。而1~2片叶的幼苗和即将抽薹的植株抗寒力较差。菠菜在不同的生育期对温度有不同的要求，种子发芽的最低温度为4℃，最适温度15~20℃。叶丛生长的最适温度为17~20℃，超过25℃会出现生长不良现象。

（2）光照　菠菜属于低温长日照作物。但花芽分化主要受日照长短的影响，在高温日照下容易通过光照阶段，低温日照有促进花芽分化的作用。在气温较高、长日照条件下，抽薹开花加快。花芽分化后，花器的发育、抽薹、开花随温度升高和日照加长而加速。

（3）水分　菠菜在空气湿度为80%~90%，土壤湿度70%~80%的条件下生长最旺盛，菠菜的品质和产量更好。菠菜生长需要大量水分，生长期缺水，生长减缓，易染霜霉病，水分不足容易使营养生长受到限制，而提早抽薹。

（4）土壤条件　菠菜对土壤的适应性较广，以种植在保水、保肥、潮湿、肥沃、pH值为6~7.5的中性或微碱性壤土中为宜，酸土会使菠菜中毒，不宜栽培。菠菜为速生绿叶菜，要求有较多的氮肥促进叶丛生长，因此需要在氮磷钾全肥的基础上增施氮肥。

三、生长发育特性

菠菜的生长发育过程主要分为两个时期：营养生长期和生殖生长期。

（1）营养生长期　从菠菜播种、出苗，到将已经分化的叶片全部长成，花序开始分化。从子叶展开到出现两片真叶这一阶段生长缓慢，两片真叶展开后，叶面积、叶重和叶数同时迅速增长。花序分化时的叶数因品种、播期、气候条件而异，少者5～6片，多者20多片。

（2）生殖生长　从花序分化到种子成熟，前期与营养生长期有段时期重叠。外界条件中能加强光合作用和营养积累的因素，一般都能促使雌性加强，抽薹后侧枝多、花多、籽粒饱满。菠菜进入生殖生长期后耐寒性就降低了，越冬菠菜在越冬前应以调整播种期等方法，控制幼苗进入生殖生长期。

菠菜植株长到一定叶片数就可以食用，但是进入生殖生长后，前期的嫩花薹和茎生叶，仍然有商品价值，然其营养成分显著变劣。

四、菠菜性的表现型

菠菜植株性型分为四种类型。

（1）绝对雄株　仅生雄花，植株矮，基生叶小，花茎上叶片不发达或呈鳞片状。复总状花序，抽薹早，花期短。尖叶类型菠菜，类型较多，为低产株型。

（2）营养雄株　花茎上也只生雄花，但是基生叶较大，茎生叶也比较发达，植株高大，花期与雌株相近，这样有利于授粉。圆叶类型的菠菜此种类型较多，为高产株型。

（3）雌株　仅生雌花，生长旺盛，植株高大，基生叶、茎生叶都很发达。雌花簇生与花茎叶腋，抽薹比雄株晚。

（4）雌雄同株　生雌花和雄花。基生叶和茎生叶都很发达，抽薹较晚，花期和雌株相近。雌雄花的比例在不同种类和不同情况下不一致，为高产株型。

第二节　品种选择

1. 类型

菠菜根据叶片的形状可以分为尖叶和圆叶两种。

（1）尖叶菠菜　果实有棱刺，果皮较厚。耐寒力强，耐热性弱。对日照反应敏感，在长日照下很快抽薹，生长较快，品质稍差，适于秋季和越冬栽培，春播易抽薹，夏播更甚，生长不良。

（2）圆叶菠菜　多从西欧引进，果实呈不规则圆形，无刺，果皮较厚。耐寒力弱，耐热性强，成熟稍晚，对日照反应不敏感，抽薹较晚，产量高，品质好，适于春夏播。

2. 品种

（1）华菠1号　华中农业大学园艺学院育成的菠菜一代杂种。植株半直立，株高25～30cm。叶箭形，先端钝尖，基部戟形，有一对浅缺刻。叶片长19cm左右、宽14cm左右。叶面平展，叶色浓绿，叶肉较厚，质柔嫩，无涩味。耐高温、耐病毒病和霜霉病。可秋播栽培越冬或春播栽培。一般每亩产量为2000kg左右。

（2）华菠2号　华中农业大学园艺系选育。圆叶菠菜，株高28～33cm，较直立，出苗快，生长势强，叶片大而肥厚，长椭圆形，叶色浓绿。生育期25～70d，耐热、耐寒，耐霜霉病和病毒病，适宜早秋、秋季、越冬种植。

（3）华菠3号　华中农业大学园艺系选育。圆叶菠菜，株高30～35cm，较直立，出苗快，生长势强，叶片较大，呈戟形，叶柄较长，有刺种。耐热、较耐寒，耐霜霉病和病毒病，适宜早秋、秋季、春季种植。

（4）广东圆叶菠菜　广东优良地方品种，属无刺种。叶片椭圆形至卵圆形，先端稍尖，基部有浅缺刻，叶片宽而肥厚，深绿色。耐热不耐寒，适于夏秋栽培。产量高，品质好，近年来在江苏、浙江、上海、湖北等省都有栽培。

（5）双城尖叶菠菜　黑龙江省著名地方品种，植株生长势强，生长初期叶片平铺地面，以后转为半直立生长。叶片大，基部有深裂缺刻，中脉和叶柄基部呈淡紫色，种子有刺。该品种品质好，产量高，抗寒力强，抗霜霉病及潜叶蝇能力较强是冬季栽培的优良品种。东北、华北栽培较多。

（6）春秋大叶菠菜　日本引进，植株健壮，半直立。叶簇生，叶长椭圆形，尖端钝圆，叶肉厚、质嫩。抗病、耐热，抽薹较晚。秋季栽培耐冬贮。

（7）西凉大圆菠　甘肃省地方品种。植株半直立，分支性强。圆叶，浓绿色，叶片厚，质柔嫩，无涩味，品位佳。不宜抽薹，适应性广。具有耐热、耐寒的特点，产量高。

（8）上海尖圆叶菠菜　叶簇半直立生长，叶片卵圆形，先端钝尖，叶面平滑，深绿色，基部戟形，叶柄细长。叶肉厚，味甜，品质好，种子有刺，耐寒力较强，耐热性弱，抗霜霉病，适于晚秋栽培。

（9）南京大叶菠菜　南京农家品种。植株半塌地生长，叶片肥大，心脏形。叶面皱缩，叶片肥厚，味甜，品质好，产量高，耐热，适于南方早秋栽培。

（10）菠菜9号和10号　北京市蔬菜中心育成的一代杂种。叶片大呈箭头形，叶面平整，正面绿色，背面灰绿色，根粉红色。种子无刺，耐寒，丰产。

（11）佳美菠菜　美国引进，生长速度快，耐抽薹。叶片三角形，叶尖圆润，边缘带浅刻，叶绿、厚重、平滑、光泽度好。株形较直立，抗病高产。用于加工和鲜食，是北方春播的极佳品种。

（12）四季菠菜　日本引进，纯度高，不易抽薹，生长旺盛。半直立，叶稍宽，有光泽，有缺刻，肉厚，品质优。叶柄粗，叶数多。抗病，是耐热性强、产量高的优良品种。

第三节　栽培季节

菠菜适应性广，在我国南北各地普遍栽培，由于适应性广，生育期短，基本可以做到排开播种，周年供应，严格掌握播期是保证全苗、防止早起抽薹的重要措施。因菠菜在4℃就能发芽，植株能耐-6℃～8℃的低温，所以为满足市场需要，生产上一般都实行全年排开，陆续上市。

菠菜在长日照和高温度条件下，有利于花芽分化和抽薹；在日照较短和冷凉的秋冬季，有利于叶簇生长，而不利于花芽的分化和抽薹。因此，菠菜栽培安排的茬次是：早春播种，春末收获——春菠菜；春末播种，夏、秋收获——夏菠菜；夏播秋收——秋菠菜；秋播，第二年春天收获——越冬菠菜。南方大多数地区，菠菜的栽培以秋播为主。

第四节　育苗

一、营养土要求

营养土按园土与腐熟有机肥3∶1的比例配制，过筛后充分混匀待用；要求土壤湿度80%以上，栽植后立即浇透水。土壤含水量不足时，可在20d后再补浇1次水。

若采用营养土方育苗，应将床底整平压实，先铺一层0.5~1.0cm厚的细河沙，再铺一层6~8cm厚的营养土，整平压实后浇足底水，水渗下后即可播种。若采用营养钵育苗，可将配制好的营养土分装至营养钵（5cm×5cm）中，平整摆放在苗床上，浇底水，待水渗透不沾手即可播种。

二、床土消毒

常用的基质消毒方法有蒸汽消毒、化学药剂消毒和太阳能消毒。蒸汽消毒较为安全，但成本较高，药剂消毒成本虽低，但安全性差，并且会污染周围环境，通常太阳能消毒使用较多。

三、种子处理

菠菜种子为胞果，常2~6个聚合，播前应先放在水泥地上用木板压散。有的种子带有刺角，也应在播前搓去。

一般采用直播，且以撒播为主。夏、秋播种应催芽，播前一星期将种子用井水浸泡约12h后，放在井中或防空洞里催芽，或放在4℃左右的冰箱或冷藏柜中处理24h，再在20~25℃的条件下催芽，经3~5d出芽后播种。冬、春可播干籽或湿籽。每亩播种5~10kg。

四、播种

菠菜主要有撒播与条播两种播种方式，干播和湿播两种方法。干播是先播种后浇水，湿播是先浇水后播种，播后覆土。条播的土壤底墒足，可用干播法，开沟撒种覆土，撒种时要均匀，覆土2cm左右，盖严，防止种子落干。一般进口的种子价格高，生产上多采用条播或点播的方式。

五、苗期管理

春菠菜苗期要适当控制水分，促根深扎。秋菠菜宜灌水降温，促苗生长；当幼苗4~5片真叶后生长加快，应结合浇水追施速效氮肥，水肥齐攻，一般经3~4水即可收获。越冬菠菜幼苗3~4片真叶时宜适当控制浇水，促根深扎，以利越冬；冬季注意保苗，上冻前和返青后结合追肥各浇1水，也可建立风障或用塑料薄膜覆盖，促苗生长，以便及早收获上市。

第五节 定植

一、土壤消毒与地块选择

夏季菠菜一般在播种前2~3d，用绿亨二号等农药制成农药土，施药前先浇透苗床底水，水渗下后取1/3药土撒在床面上，播种后再用2/3药土覆种，也可结合整地，一起进行土壤消毒。

菠菜适应性强，但在弱酸性到中性的土壤中栽培最好，偏酸或偏碱环境均对生长不利。适宜的土壤pH值为5.5~7，当土壤pH值小于5.5时，菠菜生长不良；pH值小于4时，菠菜则发芽不齐，或叶片黄而枯死。因此，栽培菠菜的地块应先通过施黑矾或少量石灰等调整土壤酸碱度，然后再整地播种。在酸土中种植菠菜必须施用石灰或草木灰等碱性肥料，以中和土壤酸性。

菠菜产地应该选择距离主干线至少100m以上，周围无大气污染，无造成污染的厂矿；地表水水源及上游支流没有易对水体造成污染的电镀厂、印染厂等厂矿，不使用未经处理的工业废水、生活污水等灌溉；避开土壤中有害元素、放射性元素超标的地块。菠菜直根发达，要求疏松肥沃、保肥保水力强、排水良好的土壤，一般为沙质壤土和黏质壤土为宜。

二、基肥

菠菜一般以直播为主，故在整地前应施足基肥，基肥以撒施为主，基肥的用量大约每亩施2000~3000kg腐熟有机肥，深沟高畦，整地后覆盖大棚膜预热。磷肥全部，钾肥全部或2/3做基肥，氮肥1/3做基肥，并且应该根据生育期长短和土壤肥力状况调整施肥量。

第六节　田间管理

一、温度管理

冬季气温较低，播种后要注意保温和保湿，所以在播种后要覆盖薄膜，要保持白天温度15～20℃，夜间不低于10℃。待幼苗出土时应及时除去薄膜，换成小拱棚，以促进幼苗的正常生长。

二、水分管理

（1）春菠菜　一般从幼苗出土到2片真叶展平前不浇水，以后根据土壤墒情酌情浇水，保持土壤湿润，一般浇水3～5次。

（2）夏菠菜　要勤浇水、浇小水、浇清凉水，早晚各一次，随着苗逐渐长大，减少浇水次数，保持土壤湿润。切忌大水漫灌，雨后注意排涝。旺盛生长期，需水量大，应据土壤墒情及时灌水。

（3）秋菠菜　幼苗期处于高温和多雨季节，土壤的湿度低，要勤浇水、浇小水、浇清凉水，早晚各一次，随着苗逐渐长大，减少浇水次数。在连续降雨后突然转晴的高温天气，应该早晚浇水降温。

（4）越冬菠菜　苗出齐后适当控制浇水，促进根系向深层生长。浇冻水是保证菠菜安全越冬的重要措施，利用水的比热大、热容量高的特性，能稳定土温。浇冻水要适时，在白天土壤不冻、夜间开始结冻即"日消夜冻"时适宜。浇冻水不仅要适时，还要适量，原则是要保持菠菜根系范围的上层有充足的水分。越冬期间遇大雪时，要及时清除。严冬过后，菠菜开始返青生长，这时要浇返青水并配合追肥，以促进营养生长，浇返青水贵在适时、适量，浇早了水分不易下渗，浇迟了则会延误返青生长，返青的水量宜小些以免降低地温，以后菠菜生长迅速，要保证充分供水并及时追肥，促进早熟增产。

三、光照管理

（1）春菠菜　春菠菜播种时气温较低，前期覆盖塑料薄膜，有利于保温，促进早出苗，出苗后改为小拱棚覆盖，要让菠菜幼苗多见光、多炼苗，小拱棚昼揭夜盖，晴揭雨盖。

（2）夏菠菜　因菠菜的生长不耐强光、高温，较耐弱光，所以夏季生产为了防高温和暴雨，必须遮阳、降温、防强光照射，可利用冬季保护地生产用的棚架，不撤棚膜来进行，上面需稀疏盖一层草帘遮阳，在棚膜上覆盖遮阳网效果更佳。夏菠菜全程应采取避雨栽培，出苗后利用大棚或中、小拱棚覆盖遮阳网，晴盖雨揭，迟盖早揭，降温保湿，防暴雨冲刷。有条件的最好在长出真叶后于大棚上加防虫网避虫，采收前15d去除遮阳网。

（3）秋菠菜　幼苗期高温强光照时，盖上遮阳网，阵雨、暴雨前应盖网或盖膜防冲刷，降湿。雨后揭网揭膜。

四、施肥

秋菠菜在前期气温高，追肥可结合灌溉进行，可用20%左右浓度的腐熟粪肥追肥；后期气温下降，浓度可达40%左右。越冬的菠菜应在春暖前施足肥料，以免早期抽薹。在冬季日照减弱时，应控制无机肥的用量，以免叶片积累过多的硝酸盐。分次采收的，应在采收后追肥。在采收前15d左右用5mg/kg的赤霉素喷洒，可以提早成熟，增加产量，气温高时，施用浓度可以低一些，气温低时可高些。施用赤霉素必须结合追肥，增产效果才更佳。春菠菜开始出苗就追肥催长，土地肥沃使抽薹推迟。越夏菠菜如果是在土质不肥沃的新温室或新大拱棚里，可施充分腐熟的鸡粪做底肥，追肥最好用硝酸钾或硫酸钾复合肥。

第七节　主要病虫害防治

一、主要虫害

1. 甜菜夜蛾

（1）发病特征　甜菜夜蛾是一种多食性害虫，卵在菠菜上除块产外还有散产。甜菜夜蛾是一种间歇性暴发害虫，发生轻重与当年的气候条件有关。以幼虫为害叶片，初孵幼虫群集叶背，吐丝结网，在其内取食叶肉，留下表皮，呈透明的小孔。3龄后可以将叶片吃成孔洞或缺刻，严重的时候仅剩下叶脉和叶柄，导致菠菜苗死亡（图8-2）。

图8-2　菠菜甜菜夜蛾

（2）防治方法　①清洁田园，清除杂草。②耕翻菜地，消灭部分越冬蛹。③采用太阳能频振杀虫灯诱杀成虫或高压汞灯诱虫，灯下放水盆，并加入少量洗衣粉，这样成虫落入水中后无法逃脱。成虫对糖醋液和杨树散发的气味有较强的趋性，因此可用糖醋液和杨树进行诱蛾后再集中消灭。也可人工采卵和捕捉幼虫。④保护利用天敌，甜菜夜蛾天敌种类繁多，是重要的自然控制因素。⑤覆盖防虫网，防止害虫迁入。

2. 潜叶蝇

（1）发病特征　幼虫呈蛆状，主要是以幼虫钻蛀叶肉组织，幼虫潜伏在叶肉内取食叶肉，仅留上下表皮，呈块状或由细变宽的蛇形弯曲隧道。其内充满虫粪，大多为白色，有的后期变为铁锈色（图8-3）。一般在叶端内有1到2头蛆及虫粪，使菠菜失去商品价值和食用价值。

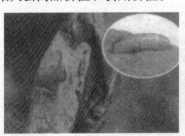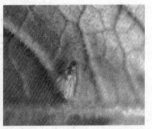

图8-3　菠菜潜叶蝇

（2）防治方法　①提早收获。根茬越冬菠菜，一定要在谷雨前全部收完，以减少越冬代成虫产卵。②施用充分腐熟的粪肥，以免把虫源带入田中。③深翻土地，及时清除被害株残体，并带出田外烧毁。④塑料棚、温室通风口覆盖防虫网。⑤用软皂、植物性杀虫剂或当地生长的植物提取剂防治。

3. 蚜虫

（1）发病特征 其造成生长不良，蚜虫还是菠菜病毒病的传播媒介。蚜虫取食汁液，轻者形成褪色斑点，叶发黄，重者导致叶片卷缩变形，植株营养不良，影响正常生长，严重时全株萎缩（图8-4）。蚜虫还传播病毒病，对菠菜为害很大。

图8-4 菠菜蚜虫

（2）防治方法 ①及时清理田间残株。②塑料棚、温室通风口覆盖防虫网，防止有翅蚜迁入。③黄色黏虫板诱捕有翅蚜虫。④塑料棚和露地蔬菜可用植物性安全制剂——除虫菊素（三保奇花）、苦参碱喷雾。

4. 菜粉蝶

（1）发病特征 菜粉蝶又称白粉蝶，其幼虫叫菜青虫，其以幼虫为害。初孵幼虫啃食叶肉，留下一层透明的表皮。3龄后可吞食整个叶片，形成孔洞和缺刻，老龄幼虫取食迅速，食量大，轻则虫口累累，重则仅剩下叶脉，幼苗受害严重时，整株死亡（图8-5）。

图8-5 菠菜菜粉蝶

（2）防治方法 ①农业防治，清洁田园，清除枯枝残体以及周边杂草，合理密植，增施磷钾肥，保护和利用天敌。②塑料棚、温室和部分露地菜田覆盖防虫网，防止害虫迁入。③采用植物性安全制剂喷雾。

二、主要病害

1. 病毒病

（1）发病特征 菠菜病毒病又叫花叶病。根茬菠菜发病普遍。病株心叶萎缩或呈花叶，老叶提早枯死脱落，植株卷缩成球形。病毒病为系统侵染，因发病的时间不一样，植株田间表现不同症状。初感病，嫩叶呈黄绿相间的斑驳、花叶，植株生长缓慢，植株矮小；重者叶片呈畸形、叶片皱缩、叶片上有褐色斑点或坏死条斑，枯死脱落；根系不发达，须根较少，植株严重矮化（图8-6）。病毒病由蚜虫和汁液传播，干旱、通风不良、杂草丛生地块发病重。

图8-6 菠菜病毒病

（2）防治方法 ①使用无病株采收的种子。②及时防治蚜虫（切断传播病毒媒介）。在保护地挂银灰色布条，可起到避蚜作用。③选择通风良好，远离萝卜、黄瓜的地块种植菠菜。④施足有机肥，增施磷、钾肥，提高抗病力。⑤在冬季和早春应将田间、地边及垄沟的杂草消除干净，并彻底消除病株，并将其带到田外深埋或销毁。

2. 斑点病

（1）发病特征 属真菌病害。主要侵害叶片。叶片呈褐色圆形斑，中央淡褐色，略凹陷，边缘褐色，稍隆起，直径约4mm，其上刻长出黑褐色霉层（图8-7）。

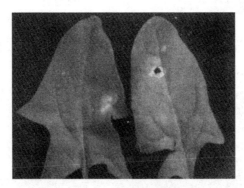

图8-7　菠菜斑点病

（2）防治方法　①使用抗病品种，如菠杂9号、10号早熟一代杂种。②和禾本科作物轮作，水旱轮作最好。③适时早播，早移栽、早培土、早施肥，及时中耕培土。合理密植，适当增施磷钾肥，加强田间管理，增强植株抗病力，培育壮苗。移栽时淘汰病、弱苗。④收获后及时清除病残体，集中烧毁或深埋。⑤高温干旱时应科学灌水，以提高田间湿度，减轻蚜虫、灰飞虱为害与传毒。严禁连续灌水和大水漫灌。浇水时防止水滴溅起，是防止该病的重要措施。

3. 霜霉病

（1）发病特征　主要为害叶片。叶片被害后，表面出现苍白或淡黄色小斑点，后扩大为不规则的淡黄色斑，最后叶片变黄，枯死。潮湿时病斑表面产生灰紫色霉层（图8-8）。

（2）防治方法　①选择抗病品种。②重病田要实行2~3年轮作。③施足腐熟的有机肥，提高植株抗病能力。④合理密植，科学浇水，防止大水漫灌，加强放风管理，降低湿度。⑤清洁田园，发现病叶或萎缩植株，及时拔除。收获时，彻底清除残株落叶，并将其带到田外深埋或烧毁。

图8-8　菠菜霜霉病

4. 炭疽病

（1）发病特征　主要为害叶片。叶子发病初期产生淡黄色的污点，逐渐扩大为圆形病斑，灰褐色，有轮纹，中央有小黑点（图8-9）。

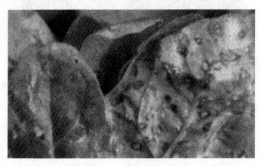

图8-9　菠菜炭疽病

（2）防治方法　①选用优良无病种子，可用52℃温水浸种20min后捞出，再放入冷水中冷却，晾干后播种。②与其他蔬菜进行3年以上轮作。③合理密植，浇水方式适宜，防止大水漫灌。施足有机肥，追施复合肥，使菠菜生长良好。加强通风管理，降低湿度。④及时把病残体清除干净，减少病菌在田间传播。

第九章　有机黄瓜栽培技术

黄瓜原产于印度，在我国栽培历史悠久，全国各地均有栽培，是大宗蔬菜之一。具有经济价值高、易于周年生产的特点，春、夏、秋季在露地栽培，早春在塑料膜大棚或进行地膜覆盖栽培，晚秋在塑料膜大棚秋延后栽培，冬季在温室栽培。

第一节　生物学特性

一、植物学特征

黄瓜根系浅，需氧性较强，侧根与不定根伸展范围也较小。根系吸收养分的能力较差。叶掌状，大而薄，叶缘有细锯齿。黄瓜是雌雄异花同株，是异花授粉植物。一般雄花早于雌花出现，雄花常数个簇生，雌花多单生。瓠果，长数厘米至70cm以上。嫩果颜色由乳白至深绿。果面光滑或具白、褐或黑色的瘤刺（图9-1）。种子扁平，长椭圆形，种皮浅黄色。

图9-1　黄瓜形态图

二、对环境条件的要求

（1）温度　黄瓜起源于亚热带温湿地区，因而要求高温高湿的气候条件，但不同生育期对温度的要求不同。另外，其他环境条件也影响黄瓜对温度的要求。

一般露地条件下黄瓜的生长适宜温度为10～30℃，光合作用的最适温度是25～32℃，黄瓜植株冻死的温度为-2～0℃，5℃以下黄瓜受冷害，10～12℃以下生理活动失调，生长缓慢。在冬暖大棚内，土壤和空气湿度较高，叶片蒸腾速度降低，加上CO_2浓度较高，黄瓜耐热能力高；在CO_2浓度为1.22%时，光合作用的适宜温度为38℃。黄瓜根系比其他果菜类对地温的变化更为敏感，种子最低发芽温度为12.7℃，吸水膨胀的种子经-6～-2℃的冷冻处理后，可以在10℃的低温下发芽，发芽最适温度为30℃，35℃以上发芽率降低。地温不足时，根系不伸展，吸肥（特别是磷）、吸水能力降低，地上部不长，叶色变黄。根毛发生的最低温度是12～14℃，最高温度为38℃，最适温度为25℃上下。地温适当时，根系活动旺盛，茎短粗，叶肥厚，结果丰盛。黄瓜要求一定的昼夜温差，一般昼温25～30℃，夜温13～15℃，昼夜温差10～15℃比较理想。较低的夜温有利于同化产物的运输和减少呼吸消耗。冬暖大棚的昼夜温差较大，特别有利于黄瓜光合物质的积累。

（2）湿度　由于黄瓜喜湿而不耐旱，它要求的土壤湿度为85%～95%，空气湿度白天80%，夜间90%。黄瓜对空气湿度的要求可随土壤湿度增加而降低。在土壤湿润时，黄瓜可在50%的空气湿度下正常生长；在水分不足时，首先是衰老的叶片先萎蔫，靠近生长点的叶片萎蔫则较晚。水分缺乏时对黄瓜果实细胞的分化影响不大，但对细胞的延长和膨大有强烈的影响，因而应该注意果实膨大时的水分管理。

黄瓜不同的生育阶段对水分的要求不同，种子催芽时要求的水分多，出芽后播种时水分不要太大，以免造成烂种。进入幼苗期后，水分过多易引起徒长和发病。但不宜过度控制，否则易形成老化苗。初花期水分要适当控制，促进根系生长，防止徒长，促进坐果，平衡好三者间的关系。结果期营养生长和生殖生长均比较旺盛，要求水分多，只有充分满足水分要求，才能获得高产。

黄瓜对水分的要求与温度关系密切，温度高时叶片蒸腾旺盛，要求水分多；温度低时，吸收水分少。

（3）光照　一般情况下，黄瓜的光饱和点为55000lx，光补偿点为2000lx，如果在10000lx以下，植株发育迟缓。与其他瓜类作物相比黄瓜比较耐弱光，当光照强度为自然光强的1/2时，其同化量基本上不下降；但当光照强度为自然光强1/4时，同化量会降低86.3%，植株生育不良，引起化瓜。弱光是造成大棚黄瓜化瓜的主要原因之一，应采取措施，改善光照条件。光照时间的长短对黄瓜有两个方面的影响，一是对花芽分化和开花的影响，二是对光合产量的影响。华南型黄瓜对短日照比较敏感，华北型黄瓜对日照不太敏感。冬暖大棚中栽培的品种多为华北型品种，因而日照长短对开花影响不大，对光合产量影响较大。

从每日光照的同化量来看，上午光合作用的产量占全天光合产量的60%～70%，为了提高光能利用率，应大力提高黄瓜上午光合需要的条件。从天气情况来看，晴天光合能力强于阴天；从叶龄来看，20～30d的中部壮龄叶的光合能力最强，是下部老龄叶光合能力的1.5倍，是上部幼龄叶的10倍，老龄叶光合能力下降的主要原因是磷的供应不足。

（4）土壤及矿物质营养　黄瓜适于微酸性至弱碱性的土壤，pH5.5～7.6均能适应，pH4.3以下不能生长，最适的土壤pH6.5。由于根系较浅，应选择富含有机质、透气性良好，既能保水、又能排水的腐殖质土壤进行栽培。土壤有机质含量在4%～5%最好，冬暖大棚中适当稍高一些，这种土壤可以很好适应黄瓜根系喜湿而不耐涝、喜肥而不耐肥的特点。黄瓜对土壤中溶液浓度比较敏感，要求浓度不超过0.035%～0.05%，属耐肥较差的作物。

黄瓜从土壤中吸收最多的五种元素是氮、磷、钾、钙、镁，吸收量从大到小的顺序是钾、钙、氮、磷、镁。从总的吸收量来看，黄瓜在蔬菜作物中属吸肥中等的作物，其中有一半被果实吸收，因而产量越高对养分的吸收也越多，同时对地力的消耗也越大。每生产1000kg黄瓜，吸收氮2.8kg、磷0.9kg、钾9.9kg、氯化钙3.1kg、氯化镁0.7kg。

从不同时期对各种养分的吸收来看，幼苗期磷的影响特别明显，主要影响花芽分化和以后的开花，这个时期绝不能缺磷。定植后30d内对氮素的吸收会猛增，70d后吸收量逐渐减少。果实采收期，氮、磷、钾的吸收旺盛，吸收量约占整个生育期的50%～60%，因而果实采收期的施肥对于获得高产非常重要。

黄瓜对微量元素需要量较低，需要的微量元素有硼、锰、铁、锌、铜、钼，其中对硼最为敏感，缺硼时生长点停止发育或萎缩。叶缘部分变褐，果实表面木质化。

（5）气体　土壤内的含氧量因土质、含水量和疏松程度等不同而不同，表层土含氧量较深层含量高。黄瓜属浅根性作物，有氧呼吸比较旺盛，要求土壤透气性良好，不耐土壤2%以下的含氧量，以10%左右为宜。

空气中二氧化碳的含量为0.03%，这远远不能满足黄瓜进行光合作用，当空气中二氧化碳浓度增加到0.15%～0.2%以上时，叶片的同化量大大提高，冬暖大棚半封闭的环境为二氧化碳浓度的提高创造了条件。

三、生长发育特性

苗期对氮、磷营养十分敏感。苗期对氮素营养水平和氮素浓度要求严格。缺氮时，幼苗茎部变细，叶小褪绿；氮素过剩，常表现心叶黄化，向内翻转，生长点停止生长等。水培试验表明，氮素浓度为100mg/kg时，幼苗生长良好；当浓度增至400mg/kg时，会出现氮过剩症。

氮素营养水平还直接影响到雌花分化的质量，从叶腋间出现花芽到性别确定，再到开花的一个多月中，特别是开花前的12d，氮素营养状况良好时，可使雌花分化提早，子房硕大，开花鲜艳，有着更强的单性结实能力。

黄瓜幼苗要求较高的磷供给量。黄瓜也能适应较高的磷素浓度。据试验，磷浓度500mg/kg以下时，幼苗表现缺磷，子叶下垂，颜色淡而发黄。而在磷浓度达到1000～4000mg/kg时，黄瓜幼苗才生长正常。温室栽培时，磷、硼、钾都有利于雌花形成，可提高早期产量。

全生育期都迫切需要氮肥。黄瓜是典型的边长茎叶边开花结瓜的作物，它一生都表现出对营养需求迫切。黄瓜苗期对养分的吸收量只占一生的10%，结瓜期吸收量要达到一生总量的70%～89%。

黄瓜的需肥规律是：苗期对磷需求敏感，结瓜后对钾需求量大，而一生对氮素的要求都十分迫切。所以，磷肥宜作底肥，结瓜后要增施钾肥，氮肥宜分期施用，即苗期轻，结瓜后逐渐加重，后期再减下来。对肥料需求有一定比例，黄瓜吸收氮、磷、钾、钙、镁的比例是100∶35∶170∶120∶320。每生产1kg产品的吸收量为纯氮2.4kg、五氧化二磷0.9kg、氧化钾4.0kg、氧化钙3.5kg、氧化镁0.8kg。

对硝态氮尤为喜欢。在只对黄瓜供给硝态氮时，黄瓜表现叶色浓，叶形小，生长缓慢，吸收钙、镁量明显下降。试验表明，培养液中硝态氮占90%时，黄瓜茎叶鲜绿，生长量大，对钙、镁吸收量均较高。硝态氮降为50%时，黄瓜生长量下降20%，吸收钙量下降35%，吸收镁量下降40%。如果培养液中硝态氮只占10%，黄瓜生长量降低80%，吸钙量下降69%，吸镁量下降52%。所以目前在日光温室栽培时，特别强调施用硝酸铵，不仅是为了防止氨害和土壤浓度过大，更主要的是满足黄瓜喜欢硝态氮这一特点。

第二节　品种选择

1. 春黄瓜类型

①长春密刺　长势较强，节间短。以主蔓结瓜为主，根瓜着生于3~5节。瓜码密，摘心后回头瓜多。瓜把较短，瘤刺较密，肉厚籽少，为大棚黄瓜的主栽品种。

②中农5号　一代杂种。苗期生长速度快，生长势强，主蔓结瓜为主，后期回头瓜多。着生于2~3节，瓜码密，瓜条发育速度快，结果集中。质地脆嫩、品质佳。早熟性突出，耐低温、弱光。适宜冬季或早春保护地栽培。

③津研6号　生长势较强，主蔓4~6节着生第一雌花。果实棒状，瓜把较短，有棱，瘤小刺密。早熟丰产，较耐低温。较抗白粉、霜霉、枯萎病。

2. 夏黄瓜类型

①津研7号　植株生长势强，每株有侧枝3~5条，果皮绿色，瘤刺较稀，果实长40cm左右，属晚熟种。亩产5000kg以上，抗枯萎病能力强。耐热性好，在35℃高温条件下仍能正常生长。

②夏丰1号　第一雌花着生在主蔓3~4节。果实长棒状，果柄短，大小匀称，果实长30cm左右，单果重250g左右，嫩果表面深绿色，无杂色斑纹，植株长势强健，茎粗，节间短，分枝极少。亩产3000~4000kg。抗白粉病、炭疽病、枯萎病。抗热耐涝。

3. 秋黄瓜类型

①唐山秋瓜　生长势强，4~6节着生第一雌花。果皮深绿色，有光泽，果顶有明显的黄条纹，果面有小刺和白刺。较抗病。

②京旭2号　一代杂种。生长势强，主侧蔓结果，中晚熟。抗霜霉病、白粉病和病毒病。

③津研2号　生长势强，侧枝多，主蔓6~8节结瓜，果面无棱，耐热。

第三节　栽培季节

南方各省无霜期长，黄瓜在露地栽培生长的时期一般可长达8个月左右。因此可利用不同的品种，排开播种，进行3次栽培，即所谓春黄瓜、夏黄瓜、秋黄瓜。广东等省冬季不寒冷，还可进行冬季栽培。但按照黄瓜对温度的要求，其最适宜的生长季节为春季栽培。

春季栽培黄瓜最能达到高产的要求，通过保护地育苗，延长生育期；短日照可促进发育，提早进行花芽分化；昼夜温差大，有利于花芽向雌性转化。因此春季用保护地育苗的黄瓜植株，雌花发生节位低，雌花分布密，最能发挥早发育的特性。当定植到露地后，气温逐渐升高，温度状况正适合黄瓜开花结果，且在这一段时期内，雨量充沛有利于植株继续生长和结果。所以在南方各省春季黄瓜栽培的范围广，无论城市还是农村都有大面积栽培。夏栽黄瓜、秋栽黄瓜等只是为了相应季节供应品种多样化的要求，在各大中城市郊区有较小面积的栽培。

第四节　育苗

育苗一般在1月上、中旬播种，用种量为50~100g/亩。播种前，先做好苗床。选择3年以上未种过瓜类蔬菜的大棚作苗床，挖去10~15cm深床土。平整后铺电加温线，80W/m²，间距10cm，覆熟土8~10cm，加2cm营养土，床面刮平。

1. 营养土要求

营养土又称床土，是人工配制、调剂混合好的肥沃土壤。黄瓜育苗床土配制各地有所不同，但都要求育苗的营养土结构良好，疏松适度，透气性和保水性适中，无病虫害、肥力较好、营养丰富并且各组分比例适当，包括有机缓效性养分与速效性无机养分之间，大量元素各元素之间等；pH值6.5左右。生产上常用近几年没有种过瓜类和棉花的田园表土。有机肥选择富含有机质多、通透性好、腐熟优质的农家肥。使用的有机肥要打碎过筛。土和有机肥的体积比为

（6∶4）～（7∶3），根据有机肥的肥力确定。有草炭的地方，可用草炭加优质粪肥作有机肥。土、草炭、优质粪肥的比例为5∶4∶1。采用钵盘育苗时，营养土用量较少，要求保肥、保水性能好，可用蛭石代替田园土。蛭石和有机肥的比例各50%。每立方米营养土加入氮-磷-钾为15-15-15的复合肥1.5kg或磷酸二铵、硫酸铵各500g。筛去颗粒物，即配成营养土。

2. 床土消毒

为防止土传病害，通常对育苗床土进行及时消毒。

①福尔马林消毒法　每立方米的营养土喷洒200～250g 100倍的福尔马林溶液（40%甲醛），可以有效地防治炭疽病、枯萎病、猝倒病和菌核病。具体方法是：把营养土铺开后将药液喷洒上去，充分拌匀，再堆积起来，覆盖塑料薄膜封闭3～5d，然后打开薄膜把营养土摊开，晾晒7～14d即可使用。

②物理消毒法　欧美和日本常用蒸汽消毒营养土，用于防治猝倒病、立枯病、枯萎病、菌核病、黄瓜花叶病毒病等，并且防治效果明显。如荷兰用蒸汽把土温提高到90～100℃，处理营养土30min左右。蒸汽消毒速度快，无农药残留。微波消毒是用微波辐射照射土壤，可以杀灭病菌和害虫。如美国研制出了由功率30kW的高波发射装置和微波发射板组成的微波消毒机，机具推进速度是0.2～0.4km/h，是一种行走式的微波消毒机，工作效率很高。

③高温发酵消毒法　在高温夏季，把床土、圈肥，秸秆层堆积，每层15cm厚，土堆底直径3～5m，高2m，成馒头形状，外面抹一层泥，上面留一个口，从口中倒入一定量的人粪尿、淘米水等，封闭小口。通过自然发酵产生高温，杀灭残存的害虫和病原菌。40～50d后刨开土堆即可使用。

3. 种子处理

黄瓜播种前一般要将种子消毒、浸种和催芽等一系列的预处理，这样有利于达到播种后作物早熟、高产、优质和防止病虫害的目的。

①种子消毒　温汤浸种法。具体方法是用凉水把种子浸湿，再用50～55℃的热水烫种，热水量是种子量的4～5倍，不停地搅拌种子，在浸种容器内放置一个温度计随时观察水温状况，当水温下降时，再加入热水，使水温始终保持在50～55℃，保持10～15min，然后把种子从水中捞出，放入冷水中，消除种子余热。

②浸种催芽　将浸种以后的种子放在25～30℃的环境中，在保湿、透气的条件下进行催芽，可使种子发芽迅速、整齐，出苗后苗壮；具体做法有：体温催芽

法、火炕催芽法、电灯泡催芽法、恒温箱催芽法。

③抗寒锻炼 将浸泡萌动的种子，放在0℃条件下，处理1～2d；也可以将萌动的种子放在-2～4℃的冷冻环境下2～3h，然后用凉水解冻，再进行催芽，催芽时放在20℃处理2～3h，增温到25℃。经过锻炼的种子，发芽粗壮、幼苗抗旱能力增强，并有早熟高产的效果。

4. 播种

培养供每公顷地移栽的秧苗需种子3000～3750g。黄瓜在适宜的温度下播种，3d便可出苗。黄瓜根系易老化，断根后发新根困难，定植后缓苗慢，如果大苗定植，就必须采取保护根系的措施育苗。近年来黄瓜采用保护根系措施育苗的技术应用非常普遍，而保护根系的方法也有多种。如营养土钵、塑料钵，等等。采用塑料钵育苗，钵内土壤疏松，有利根系生长。每钵播已发芽的种子2粒，出苗后选留良苗1株。播种前须要浇足底水，播种后用培养土覆盖，厚约2cm，再用喷雾器喷水，如有种子露出，须再覆薄土。为提高床温，可在上面覆盖一层塑料薄膜，每天晚上应再加覆盖物保温防寒。

5. 苗期管理

①温度管理 从第1片真叶展开开始，白天保持25～30℃较高的温度，夜间控制在13～17℃。当见2/3种子出土时，需要降低床温，防止幼苗胚轴伸长而形成高脚苗。

②光照管理 日照时数控制在8h左右。在温度满足的条件下，最好是在早晨8点左右揭开草帘，下午4点盖上草帘。阴天也要正常揭盖草帘。

③覆土及水分管理 苗期保持土壤的湿度，有利于雌花的形成。早春育苗时，地温低，蒸发量小，一般播种前或分苗时浇足底水，整个育苗期可不浇水，以保墒为主。没有覆盖细沙的苗床需要进行2～3次覆土，当大部分幼芽拱土时，选择晴天中午覆盖干暖土，厚度0.3cm左右，用土封严裂缝，防止种子带帽出土，苗出齐后再覆土一次，促进子叶肥大，抑制胚轴伸长。

④通风管理 通风量的大小及时间长短主要根据苗床内的温度及外界气温来决定。

⑤施肥 如果在床土配制时施入的肥料充足，整个苗期可不用施肥。如果发现幼苗叶片颜色变淡，出现缺肥症状时，可根据秧苗生长情况，破心后需用腐熟的稀薄的粪肥促苗1～2次。

⑥秧苗锻炼　早春大棚和露地栽培黄瓜，因栽培场地和育苗场地的环境条件差异很大。为使幼苗定植后适应环境，并提高幼苗对低温的抗性能力，要在定植前7～10d，进行低温锻炼。这时要停止加温，加大通风量，夜间的覆盖也要逐渐减少，白天温度保持在20～25℃，夜间在不遭受霜冻的前提下，最低气温保持在5～10℃。这时期基本不浇水，只是局部干旱时，在叶片萎蔫处稍喷些水。

第五节　定植

1. 土壤消毒与地块选择

黄瓜要求富含有机质、肥沃、保水保肥力强的土壤，因此栽培黄瓜土壤宜选择地势较高，通风好，水源方便，土壤肥沃的黏质壤土为宜。黄瓜切忌连作，最好选择3～7年内不种黄瓜的地块。即使土地紧张，亦应选择2～3年以上的轮作地块，最好前茬为茄果类和葱蒜类的地块。地块要求整细、整平，畦面土块细而均匀。

黄瓜定植前，为了防止根结线虫和土传病害为害，可通过使用生物菌肥，以菌抑菌，肥地养根是一个好办法。如每亩撒施三素生物菌肥100kg左右即可。高温闷棚是棚室消毒的重要措施，可以在使用有机肥后，生物菌肥使用前进行，高温闷棚最好结合棚内喷施高锰酸钾等，这样可以对薄膜、立柱、墙壁一并消毒。

黄瓜定植的方式各地多不相同，为了达到密植增产并适当改善通风透光条件，黄瓜可采用连沟1.33m作畦（沟宽0.4m，畦面宽0.93m），每畦栽植2行。株距根据品种而不同，为0.2～0.267m，每公顷定植的株数约为60000株。定植选在晴天进行，先开挖定植穴，浇适量水，定植后用土壅根，搭小环棚保温。

2. 基肥

根据黄瓜对有机质肥料反应良好的特性，定植前15d要深耕土壤，每亩增施腐熟有机肥4000～5000kg，适当再补施30～50kg普通复合肥。也有用堆肥、土粪和富含腐殖质的塘泥作基肥的。半腐熟厩肥、堆肥、土粪等在春季耕地时施用，塘泥应施在冬季翻耕的土壤上，使之随着土块进行冻土风化。基肥必须与土壤融合，达到土壤肥力均匀，并改进土壤结构。此外还配合施草木灰1 500kg/hm^2。

第六节　田间管理

1. 温度管理

黄瓜不耐霜冻，定植期过早，易遭晚霜或寒潮的袭击，影响秧苗的正常生长；定植期延迟，常因苗床生长拥挤，定植后也会影响幼苗的早发育，适宜的定植时期应在晚霜终止后温度稳定上升到12℃时为宜。具体来说，在长江流域为4月上旬，即清明前后，华南是春季温度较高的地区，提早育苗的则在2月内定植。采用地膜覆盖栽培可提早定植。

定植后1周内适当闭棚进行缓苗，温度白天保持25～30℃，夜间18～20℃、白天温度超过35℃时适当放风，以促进缓苗。缓苗后可适当放风以降低棚内温度。进入盛果期时，白天温度宜保持在25～30℃，夜间15～17℃。

2. 水分管理

黄瓜根系弱，叶片大，果实生长迅速，既需水，又怕水过多，既需肥，又怕肥太浓。因此应掌握"轻浇、勤浇"的原则。相对湿度控制在85%以下，尽量使黄瓜叶片不结露，无滴水，采用无滴膜、地膜覆盖。定植7d左右浇缓苗水，根据天气情况和土壤墒情每7～10d浇1次水，浇水时要选择晴天上午进行，每次浇水之后要注意通风，适时排除潮气。

3. 光照管理

黄瓜光照调节的核心是增光补光，尽量延长光照时间，增加光照强度，以促进植株的光合作用，使植株旺盛生长、结果，达到增产增收的目的。因此，大棚种植时，黄瓜管理中应注意正确揭盖草苫。晴天时，草苫要早揭晚盖，延长光照时间；若遇雨雪天气，只要揭草苫后室内气温不下降，就应正常卷放草苫，使植株能够利用太阳散射光进行光合作用；因下雪连续数日未揭草苫，又遇雪后骤晴，光照很强，则应避免突然揭开草苫，防止黄瓜在强光照射下失水萎蔫，可在上午或下午光照弱时揭开草苫，中午强光下应暂时盖草苫遮阳。

4. 施肥

①需肥特性　黄瓜生长快、结果多、喜肥，根系耐肥力弱，对土壤营养条件要求比较严格。黄瓜表层土壤空气充足，有利于根系有氧呼吸，促进根系生长发

育和对氮、磷、钾等矿质养分的吸收。因此黄瓜定植时宜浅栽，切勿深栽。且定植后勤中耕松土，促进根系生长是有科学依据的。据研究测定，每生产1000kg黄瓜需从土壤中吸收氮肥1.9~2.7kg、磷0.8~0.9kg、钾肥3.5~4.0kg，三者比例为1：0.4：1.6。黄瓜全生育期需钾最多，其次是氮，再次为磷。黄瓜定植后30d内吸氮肥量呈直线上升趋势，到生长中期吸氮肥最多。进入生殖生长期，对磷肥的需求量剧增，而对氮肥的需要量略减。黄瓜全生育期都在不断地吸收钾肥。

②施肥技术　一是施足有机肥，生产中施用优质腐熟的有机肥作基肥。一方面能为黄瓜提供全面的营养；另一方面对熟化土壤，能有效地改良土壤理化性状。有机肥料施用量依具体条件而定，一般每亩施用优质腐熟有机肥3000kg左右。基肥中还应配施少量磷钾肥或以磷钾肥为主的三元复合肥。二是巧施坐果肥。黄瓜为无限花序，开花结果期长达两个多月。一般要求每结一批果后需要补充肥水。一般是追施水2份、优质腐熟人畜粪1份的稀粪水，每次每亩施用2500~3000kg，或与灌水相结合（即每亩将速效肥料尿素8~10kg溶于水中），以防止肥劲过猛，有利于黄瓜丰产稳产。追肥应掌握轻施、勤施的原则，每隔7~10d追1次肥，全生长期需追肥7~8次，并将化学肥料与有机粪肥交替追施。三是重视施用钾肥。在基肥用量不足或土壤缺钾的情况下，必须增施钾肥，因为钾对增强黄瓜的抗病性和改善黄瓜品质均有显著的作用。在化学钾肥不足时，可用草木灰代替。四是根外喷施叶面肥。在生长期除结合防治病虫根外，叶面喷施0.2%~0.3%多元磷酸二氢钾溶液，有防止早衰、促进开花结果和果实膨大的增产效果。

第七节　主要病虫害防治

1. 霜霉病

（1）症状　叶面上产生浅黄色病斑，沿叶脉扩展并受叶脉限制，呈多角形（图9-2），易与细菌性角斑病混淆。清晨叶面上有结露或吐水时，病斑呈水浸状，叶背病斑处常有水珠，后期病斑变成浅褐色或黄褐色多角形斑（图9-3）。湿度高时，叶片背面逐渐出现白色霉层，稍后变为灰黑色。高湿条件下病斑迅速扩展或融合成大斑块，致叶片上卷或干枯，下部叶片全部干枯，有时仅剩下生长点附近几片绿叶。

图9-2 黄瓜霜霉病初期病叶   图9-3 黄瓜霜霉病中后期病叶

（2）发病规律　多始于近根部的叶片，病菌经风雨或灌溉水传播，病菌萌发和侵入对湿度条件要求高，叶面有水滴或水膜时，病菌才能侵入，相对湿度高于83%时发病迅速。对温度适应较宽，中温条件（15～24℃）适宜发病，高温对病害有抑制作用。生产上浇水过量或露地栽培时遇中到大雨、地下水位高、株叶密集时易发病。

（3）防治方法　①选用抗病品种。②种子应经温汤浸种（52℃，处理30min）。③露地栽培雨后及时排水，合理施肥，及时整蔓，保持通风透光。④高温闷棚是土壤消毒的重要方法，也可以结合棚内撒施石灰等进行土壤消毒。

2. 黄瓜炭疽病

（1）症状　黄瓜生长中后期发病较重，病叶初期出现水渍状小斑点（图9-4），后扩大成近圆形病斑，淡褐色，病斑周围有时有黄色晕圈，叶片上的病斑较多时，往往互相汇合成不规则的大斑块（图9-5）。干燥时，病斑中部易破裂穿孔，叶片干枯死亡。后期病斑局部有黑色小点。干燥条件下，病斑中心灰白色，周围有褐色环。

图9-4 黄瓜炭疽病初期病叶   图9-5 黄瓜炭疽病病斑扩大呈圆形

（2）发病规律　病菌以菌丝体和拟菌核随病残体遗落在土壤中越冬，菌丝体也可潜伏在种皮内越冬。翌年春季环境条件适宜时，菌丝体和拟菌核产生大量分生孢子，成为初侵染源。通过种子调运可造成病害的远距离传播，未经消毒的种子播种后，病菌可直接侵染子叶，引发病害。分生孢子借助雨水、灌溉水、农事活动和昆虫传播。发病原适温为24℃，潜育期3d。低温、高湿适合发病，温度高于30℃、相对湿度低于60%，病势发展缓慢。气温在22～24℃、相对湿度95%以上，叶面有露珠时易发病。

（3）防治方法　选择抗炭疽病性强的品种。在无病区、无病田或无病植株上留种，防止种子带菌。在催芽前应对种子进行消毒处理，以消灭病菌。常用的方法有：①温汤浸种。用55℃的温汤浸种15min后移入冷水中浸种催芽。或用福尔马林的100倍液浸种30min后洗净催芽，或用冰醋酸的100倍液浸种半小时，清水洗净后再催芽。②与非瓜类作物实行3年以上的轮作。③土壤消毒。夏季可用闷棚法，使土壤温度升至45～50℃以上消灭病菌。有条件时，利用无土育苗技术效果最好。④栽培管理。选择地势高燥、排水方便的沙壤土栽培。施足基肥，增施磷、钾肥；雨季及时排水；保护地表，上午闭棚，使温度升至30～34℃，下午加强通风，使棚内湿度降至75%以下，创造不利于病害发生的环境；及时清洁田园，清除病株残体，深埋或烧毁。上述措施，均可减轻病害发生。

3. 疫病

（1）症状　这是一种很常见的病害，但很多人并不能像对霜霉病那样准确识别。疫病发展很快，幼苗染病多始于嫩尖，叶片上出现暗绿色病斑，幼苗呈水浸状萎蔫，病斑呈不规则状，湿度大时很快腐烂。成株染病，生长点及嫩叶边缘萎蔫、坏死、卷曲，病部有白色菌丝，俗称"白毛"。叶片染病产生圆形或不规则形水浸状大病斑，边缘不明显，扩展快，扩展到叶柄时叶片下垂。干燥时呈青白色，湿度大时病部有白色菌丝产生（图9-6）。瓜条染病，形成水浸状暗绿色病斑，略凹陷，湿度大时，病部产生灰白色菌丝，菌丝较短，俗称"粉状霉"（图9-7）。病瓜逐渐软腐，有腥臭味。

图9-6　黄瓜疫病青白色近圆形病斑　　图9-7　疫病瓜表面布满灰白色较短菌丝

（2）发病规律　病菌主要以菌丝体、卵孢子及厚垣孢子随病残体在土壤或粪肥中越冬，借风、雨、灌溉水传播蔓延。发病适温为28～30℃，土壤水分是影响此病流行程度的重要因素。夏季温度高、雨量大、雨水日多的年份疫病容易流行，为害严重。此外，地势低洼、排水不良、连作等易发病。设施栽培时，春夏之交，打开温室前部放风口后，容易迅速发病。

（3）防治方法　①选择抗疫病强的品种。②轮作换茬。发病较重的地块，实行与非瓜类作物4年以上轮作换茬。③种子消毒。用40%甲醛（福尔马林）100倍液浸种30min，洗净后浸种催芽。④嫁接防病。用黑籽南瓜或南砧1号作砧木对黄瓜进行嫁接，不仅能防治枯萎病，也可防治疫病。⑤加强栽培管理。采用高垄栽培，地膜覆盖。整平地面，防止积水。合理浇水，切忌大水漫灌。及时通风，降低温室内湿度。避免偏施氮肥，增施磷、钾肥料。及时清除病叶、病瓜，防止疫病蔓延。⑥保护地用烟熏法或粉尘法，露地喷雾并淋灌茎基部也可有效防止疫病发生。

4. 灰霉病

（1）症状　叶片多从叶缘开始发病，病斑很大，呈弧形向叶片内部扩展，有时受大叶脉限制病斑呈"V"形，有时症状像疫病，但病斑不像疫病病斑那样白而薄（图9-8）。在发病后期或湿度较高时，病斑上生有致密的灰色霉层（图9-9），而不是疫病那样的白色霉层。值得注意的是：在低温高湿条件下，有时灰霉病和疫病会混发，在疫病病斑的坏死组织上着生灰霉病病菌。嫩茎上初生水浸状不规则病斑，后变灰白色或褐色，病斑绕茎一周，其上端枝叶萎蔫枯死，病部表面生灰白色霉状物（图9-10）。果实多从萼片处发病，同样密生灰色霉层（图9-11）。

图9-8　黄瓜灰霉病初期病叶　　图9-9　黄瓜灰霉病叶上密生灰霉

图9-10　黄瓜灰霉病茎　　　图9-11　黄瓜灰霉病果

（2）发病规律　病菌以菌丝、分生孢子在病残体上越冬。属弱寄生菌，可在腐败的植株上生存，分生孢子随气流及雨水传播蔓延，侵染的最适宜温度为16～20℃，气温高于24℃时侵染缓慢。灰霉病属于低温高湿型病害，因此，设施栽培时在寒冷季节发病最重。

（3）防治方法　①选择抗灰霉病强的品种，一般抗灰霉病的品种也抗白粉病，栽培上可选择叶片厚实的品种。②种子处理，播种前先在阳光下晒种2～3d，以杀灭表皮杂菌，随后用55℃温水浸种15min，温度降至常温后继续浸种4～6h。③在大棚黄瓜定植前10～15d，选择连续5～7d的晴朗天气密闭大棚，高温闷棚，使棚内中午前后的气温高达60～70℃，可杀灭病菌，然后通风降温至25～30℃时起垄定植。地膜覆盖栽培，要将整个栽培地面全覆盖地膜。在栽培管理上，要加强增光、通风排湿，防止光照太弱、湿度过大，特别禁忌阴天浇水。④调节温湿度，控制病菌侵染。室内温度提高到31～33℃，超过33℃时开始放风，下午温度维持在20～25℃，降至20℃时关闭风口，使夜间温度保持在15～17℃。⑤加强栽培及肥水管理，增施磷、钾肥，随时保持土壤湿润，在开花前、幼果期、果实膨大期各喷洒壮瓜蒂灵使瓜蒂增粗，强化营养输送量，增强植株抗逆性，促进瓜体快速发育，使瓜形漂亮，汁多味美。⑥发病后及时摘除病果、病叶。

5. 细菌性角斑病

（1）症状　病叶先出现针尖大小的淡绿色水浸状斑点，渐呈淡黄色、灰白色、白色，因受叶脉限制，病斑呈多角形（图9-12）。叶背病斑与正面类似，呈多角形小斑（图9-13），潮湿时病斑外有乳白色菌脓，干燥时呈白色薄膜状（故称白干叶）或白色粉末状。在干燥情况下，多为白色，质薄如纸，易穿孔（图9-14）。病斑大小与湿度有关，夜间饱和湿度持续超过6h，病斑大；湿度低于

85%，或饱和湿度时间少于3h，病斑小。

　　果实上病斑初呈水浸状圆形小点，在较干燥的环境下呈凹陷状，引发果实流胶（具有类似的流胶症状的还有黑星病等侵染性病害以及某些生理病害）。许多菜农对流胶症状十分困惑，实际上这多是细菌性角斑病病菌引发的果实症状（图9-15）。在高湿环境下，果面病斑会逐渐扩展成不规则的或连片的病斑，并向果实内部发展，导致维管束附近的果肉变为褐色，病斑溃裂，溢出白色菌脓，并常伴有软腐病病菌侵染，而呈黄褐色水渍状腐烂。

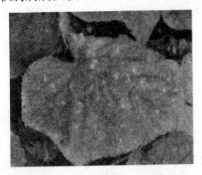

图9-12　黄瓜细菌性角斑病叶面症状

图9-13　黄瓜细菌性角斑病叶背症状

图9-14　黄瓜细菌性角斑病斑破碎穿孔

图9-15　黄瓜细菌性角斑病果实流胶

　　（2）发病规律　病原为丁香假单胞杆菌黄瓜角斑病致病型，属细菌。细菌附着在种子内外传播，或随病株残体在土壤中越冬，存活期达1~2年。借助雨水、灌溉水或农事操作传播，通过气孔或伤口侵入植株。空气湿度大，叶面结露，病部菌脓可随叶缘吐水传播蔓延，反复侵染。发病适温24~28℃，适宜相对湿度80%以上。昼夜温差大、结露重且时间长时发病重。

　　（3）防治方法　①选择抗病性强的品种。②种子消毒，可用55℃温水浸种15min，或用冰醋酸100倍液浸种30min，或用40%福尔马林150倍液浸种1.5h，或次氯酸钙300倍液浸种30~60min，用清水洗净药液后再催芽播种。③实行轮作。

与非瓜类蔬菜间隔2～3年以上。④加强田间管理。深沟窄畦栽培，三沟配套，增强雨季防涝排渍能力。施足基肥，增施磷钾肥，防止氮肥施用过多，增强植株抗病性。露地黄瓜推广应避雨栽培，保护地黄瓜开花结瓜前少浇水、勤中耕、多通风，降低棚内湿度，减少结露和滴水。

6. 瓜蚜

（1）为害特点　成虫和若虫在瓜叶背面和嫩梢、嫩茎上吸食汁液。嫩叶及生长点被害后，叶片卷缩，生长停滞，甚至全株萎蔫死亡（图9-16）；老叶受害时不卷缩，但提前干枯。

（2）形态特征　无翅孤雌蚜体长1.5～1.9mm，夏季多为黄色，春秋为墨绿色至蓝黑色（图9-17）。有翅孤雌蚜体长2mm，头、胸黑色（图9-18）。

图9-16　黄瓜瓜蚜受害嫩叶皱缩

图9-17　黄瓜瓜蚜无翅蚜

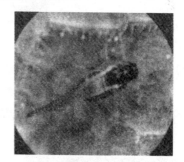

图9-18　黄瓜瓜蚜有翅蚜

（3）生活习性　在华北地区1年发生10多代，于4月底产生有翅蚜迁飞到露地蔬菜上繁殖为害，直至秋末冬初又产生有翅蚜迁入保护地。北京地区以6～7月虫口密度最大，为害严重；7月中旬以后因高温高湿和降雨冲刷，不利于蚜虫生长发育，为害减轻。

（4）防治方法　①选择叶面多毛的抗虫品种。提早播种，及时铲除田边、沟边、塘边等处杂草，可消灭部分蚜源。②用银色膜避蚜，覆盖或挂条均可，还可起预防病毒病的作用。③生物防治。保护天敌,如各种蜘蛛、瓢虫、草蛉、食蚜蝇、蚜茧蜂等。④黄板诱蚜。有翅成蚜对黄色、橙黄色有较强的趋性,取一块长方形的硬纸板或纤维板,板的大小一般为30cm×50cm,先涂一层黄色广告色(水粉),晾干后,再涂一层黏性黄色机油(机油内加入少许黄油)或10号机油,利用机油黏杀蚜虫,经常检查并涂抹机油。

7. 温室白粉虱

(1)为害特点 目前,温室白粉虱是保护地栽培中的一种极为普遍的害虫,几乎可为害所有蔬菜。成虫和若虫吸食植物汁液,被害叶片褪绿、变黄、萎蔫,甚至全株死亡(图9-19、图9-20)。此外,尚能分泌大量蜜露,污染叶片,导致煤污病,并可传播病毒病。

图9-19 黄瓜白粉虱受害面出现黄斑　　图9-20 黄瓜白粉虱田间受害状

(2)形态特征 成虫体长1.0~1.5mm,淡黄色,翅面覆盖白蜡粉(图9-21),卵长约0.2mm,侧面看为长椭圆形,初产时淡绿色,覆有蜡粉,而后渐变为褐色,至孵化前变为黑色。1龄若虫体长约0.29mm,长椭圆形;2龄约0.37mm;3龄约0.51mm,淡绿色或黄绿色,足和触角退化,紧贴在叶片上;4龄若虫又称伪蛹,体长0.7~0.8mm,椭圆形,初期体扁平,逐渐加厚呈蛋糕状(图9-22),中央略高为黄褐色。

图9-21 黄瓜白粉虱叶背群聚的成虫　　图9-22 黄瓜白粉虱叶背群聚为害的若虫

（3）生活习性　在温室条件下1年可发生10余代，各虫态在温室越冬并继续为害。成虫羽化后1～3d可交配产卵，平均每头雌虫可产卵142粒左右。也可进行孤雌生殖，其后代为雄性。群居于嫩叶叶背，成虫总是随着植株的生长不断追逐顶部嫩叶。温室白粉虱在我国北方冬季野外条件下不能存活，通常要在温室作物上繁殖为害，无滞育或休眠现象。

（4）防治方法　①覆盖防虫网。每年5～10月，在温室、大棚的通风口覆盖防虫网，阻挡外界白粉虱进入温室。纱网密度以50目为好，比家庭用的普通窗纱网眼要小。②黄板诱杀。白粉虱对黄色敏感，有强烈趋性，可在温室内设置黄板诱杀成虫。方法是利用废旧的纤维板或硬纸板，裁成1m×0.2m长条，用油漆涂为橙黄色，再涂上一层黏油，每亩设置20～30块，置于行间，摆布均匀，高度可与株高相同。当白粉虱粘满板面时，及时重涂黏油，一般7～10d重涂1次。常年悬挂在设施中，可以大大降低虫口密度，基本可以消灭白粉虱。③频振式杀虫灯诱杀。这种装置以电或太阳能为能源，利用害虫较强的趋光、趋波等特性，将光的波长、波段、频率设定在特定范围内，利用光、波，以及信息索引诱成虫扑灯，灯外配以频振式高压电网触杀，使害虫落入灯下的接虫袋内，达到杀虫目的。④生物防治。在温室和大棚等保护设施内，可人工释放丽芽小蜂、中华草蛉、赤座霉菌等天敌防治白粉虱。⑤白粉病刚刚发生时，喷小苏打500倍液，隔3d 1次，连喷5～6次，既防白粉病，又可分解出二氧化碳，提高黄瓜产量。或用27%高脂乳剂80～100倍液，6d喷1次，连喷4次。⑥避免黄瓜、番茄、菜豆混栽。

8. 刺足根螨

（1）为害特点　成、若螨群聚于根表面刺吸为害，使根系变褐色、腐烂、吸收能力降低。地上部植株矮小、瘦弱，叶片黄化，边缘皱缩，生长缓慢（图9-23）。

（2）形态特征　成螨：雌螨体长0.58～0.87mm，宽卵圆形，白色发亮；雄螨体色和特征相似于雌螨。卵呈椭圆形，乳白色半透明。若螨体长0.2～0.3mm，体形与成螨相似，胴体呈白色（图9-24、图9-25）。

（3）发生规律　每年可发生9～18代，以成螨在土壤中越冬。两性生殖，雌蛹交配后1～3d开始产卵，每个雌蛹平均产卵200粒左右。卵期3～5d。既有寄生性，也有腐生性（图9-26），同时也有很强的携带腐烂病菌和镰刀菌的能力。喜欢高湿的土壤环境，高温干旱对其生存繁殖不利。

（4）防治方法　①选购或选用无虫秧苗插种，严格淘汰带虫秧苗。②轮作换茬。发病较重的地块，实行与非瓜类作物2年以上轮作换茬。③收获后进行25～30cm深耕，撒施80～100kg/亩的石灰对土壤消毒，以减少越夏虫源。④增施腐熟有机肥，合理控制氮、磷、钾比例，增强黄瓜的抗逆能力。

图9-23　黄瓜刺足根螨受害植物叶片黄化

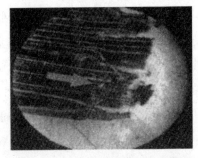
图9-24　刺足根螨成螨体色为亮白色

图9-25　刺足根螨显微镜下的成螨

图9-26　刺足根螨附着在土壤有机质上生活

第十章　有机辣椒栽培技术

第一节　春季露地栽培

1. 播种育苗

①营养土配制　播种床选用烤晒过筛园土1/3，腐熟猪粪渣1/3，炭化谷壳1/3，充分混匀。分苗床选用园土1/2，猪粪渣1/4，炭化谷壳1/4。

②种子处理　种子消毒宜使用温汤浸种和干热处理。即先晒种2~3天或置于70℃烘箱中干热72小时，再将种子浸入55℃温水，经15分钟，再用常温水继续浸泡5~6小时，再用高锰酸钾300倍液浸泡2小时，或木醋液200倍液浸泡3小时，或石灰水100倍液浸泡1小时，或硫酸铜100倍液浸泡1小时。浸后用清水洗净，捞出沥干，置25~30℃条件下的培养箱、催芽箱或简易催芽器中催芽。一般3~4天，约70%的种子破嘴时播种。在个别种子破嘴时，置0℃左右低温下锻炼7~8小时后再继续催芽，可提高其抗寒性。不应使用禁用物质处理辣椒种子。

③育苗基质消毒　采用营养基质穴盘育苗的，育苗基质宜于播种前3~5天，用木醋液50倍液进行苗床喷洒，盖地膜或塑料薄膜密闭；或用硫黄（0.5千克/米^2）与基质混匀，盖塑料薄膜密封。不应使用禁用物质处理育苗基质。

④播种　每亩需种75~80克，撒播苗床播种150~200克/米^2，先浇足底水，待水下渗后，耙松表土，均匀播种，盖消毒过筛细土1~2厘米厚，薄洒一层压籽水，塌地盖薄膜，并弓起小拱棚，闭严大棚。基质育苗播种5~6克/米^2，穴盘宜选用50孔穴盘。

⑤苗期管理　播后至幼苗出土期：白天28~30℃，夜间18℃左右，床温20℃，闭棚，70%幼苗出土后去掉塌地薄膜。破心期：白天20~25℃，夜间15~16℃，床温18℃，注意防止夜间低温冻害，并在不受冻害的前提下加强光照，控制浇水，使床土露白。破心后至分苗期：床温19~20℃，晴朗天气多通风见光，维持床土表面呈半干半湿状态，露白前及时浇水，床土湿度过大，可撒干

细土或干草木灰吸潮，并适当进行通风换气。分苗前3～4天适当炼苗，白天加强通风，夜间温度13～15℃。

苗龄30～35天，3～4片真叶时，选晴朗天气的上午10时至下午3时及时分苗，间距7～8厘米。分苗宜浅。最好用营养钵分苗，分苗时先浇湿苗床，分苗深度以露出子叶1厘米为准，速浇压根水，盖严小拱棚和大棚膜促缓苗，晴天在小拱棚上盖遮阳网。

⑥分苗床管理 缓苗期：地温18～20℃，日温25～30℃，加强覆盖，提高空气相对湿度。旺盛生长期：加强揭盖，适当降温2～3℃，每隔7天结合浇水喷一次0.2%的有机营养液，用营养钵排苗的，应维持床土表面呈半干半湿状态，防止露白。即使是阴雨天气也要于中午短时通风1～2小时。定植前7天炼苗，夜温降至13～15℃，控制水分和逐步增大通风量。

⑦壮苗标准 株高15厘米左右，茎粗0.4厘米以上，8～10片真叶，叶色浓绿，90%以上的秧苗已现蕾，根系发育良好，无锈根，无病虫害和机械损伤。

2. 轮作计划[①]

有机辣椒栽培地块应合理安排茬口，科学轮作，应与非茄科蔬菜或豆科作物或绿肥在内的至少3种作物实行3～5年轮作。前茬为各种叶菜、根菜、葱蒜类蔬菜，后茬也可以是各种叶菜类和根菜类，还可与短秆作物或绿叶蔬菜间种、套种，如毛豆、甘蓝、球茎茴香、葱、蒜等隔畦间作。

3. 有机肥料准备[②]

应在基地内建有机堆肥场，堆肥场容积应满足本基地蔬菜生产的需要。如有机蔬菜生产基地周边有畜禽养殖场，可在基地建立沼气池，将畜禽粪便转化为沼液、沼渣。

应使用主要源于本基地或有机农场（或畜场）的有机肥料，可使用充分腐熟和无害化处理的动植物的粪便和残体、植物沤制肥、绿肥、草木灰和饼肥等。经认证机构许可可以购入一部分农场外的肥料，外购的商品有机肥，应通过有机认证或经认证机构评估许可。

有机肥料应在施用前2个月进行无害化处理，将肥料泼水拌湿、堆积后盖严塑料膜，使其充分发酵腐熟。使发酵期堆内温度高达60℃以上，以有效地杀灭肥

---

① 辣椒其他季节的栽培及番茄、茄子栽培的轮作计划与此相同，不再重复叙述。
② 本书所涉及所有蔬菜栽培的有机肥料准备工作与此相同，不再另行叙述。

料中带有的病菌、虫卵、草种等。

4. 整地施肥

应选择含有机质多、土层深厚、保水保肥力强、排水良好、2~3年内未种过茄科作物的壤土作栽培土。水旱轮作，及早冬耕冻土，挖好围沟、腰沟、厢沟。当前茬作物收获后，及时清除残茬和杂草，深翻坑土，整地作厢。黏重水稻田栽辣椒，最底层土块通常大如手掌，切忌湿土整地。

长江流域雨水较多，宜采用深沟高厢（畦）栽培。沟深15~25厘米，宽20~30厘米，厢（畦）面宽1.1~1.3米（包沟）。地膜覆盖栽培要深耕细耙，畦土平整。定植前7~10天，整地作畦。

施足基肥（占总用肥量的70%~80%）。一般每亩施腐熟有机肥2500千克，或腐熟大豆饼肥100~130千克，或腐熟花生饼肥150千克，另加磷矿粉40千克及钾矿粉20千克。其中，饼肥不应使用经化学方法加工的，如磷矿石为天然来源且镉含量≤90毫克/千克的五氧化二磷，钾矿粉为天然来源且未经化学方法浓缩的，氯含量<60%。另外，宜每3年施一次生石灰，每次每亩施用75~100千克。

5. 及时定植

一般春季定植于10厘米地温稳定在10~12℃时进行，长江流域早熟品种3月下旬至4月上旬，晴天定植。株行距，早熟品种0.4米×0.5米，可栽双株，中熟品种0.5米×0.6米，晚熟品种0.5米×0.6米。地膜覆盖栽培定植时间只能比露地早5~7天，有先铺膜后定植和先定植后铺膜两种。

6. 田间管理

①中耕培土 成活后及时中耕2~3次，封行前大中耕一次，深及底土，粗如碗大，此后只锄草，不再中耕。早熟品种可平畦栽植，中、晚熟品种要先行沟栽，随植株生长逐步培土。地膜覆盖的不进行中耕，中、晚熟品种，生长后期应插扦固定植株。

②追肥 在秧苗返青期，可勤施清淡腐熟猪粪尿水，促进植株生长发育，不宜多施人粪尿。定植成活后至开花结果前，应控制肥水的施用，进行蹲苗。如土壤水分不足，可浇少量淡粪水，利于根系生长发育，防止茎叶生长过旺，促进提早开花结果。进入开花结果盛期，对肥水需求量较大，在行间开窝，重施浓度为60%的腐熟猪粪尿水1~2次，也可在垄间距植株茎基部10厘米处挖坑埋施饼肥，施后用土盖严，保证植株生长、花蕾发育、开花结果及果实膨大的需要。在结果

后期追施浓度为30%的人畜粪水防止早衰，增加后期产量。追肥宜条施或穴施，施肥后覆土，并浇水。施用沼液时宜灌水进行沟施或喷施。采收前10天应停止追肥。不应使用禁用物质，如化肥、植物生长调节剂等。

③灌溉　6月下旬进入高温干旱可进行沟灌，灌水前要除草追肥，且要看准天气才灌，要午夜起灌进，天亮前排出，灌水时间尽可能缩短，进水要快，湿透心土后即排出，不能久渍。灌水逐次加深，第一次齐沟深1/3，第二次1/2，第三次可近土面，但不可漫过土面。每次灌水相隔10～15天，以底土不现干、土面不龟裂为准。地膜覆盖栽培，定植后，在生长前期灌水量比露地小，中后期灌水量和次数稍多于露地。

④地面覆盖　高温干旱前，利用稻草或秸秆等在畦面覆盖一层起保水保肥、防止杂草丛生作用，一般在6月份雨季结束，辣椒已封行后进行，覆盖厚度为4～6厘米。

7. 及时采收，分级上市

青椒一般在开花后25天左右，即果皮变绿色，果实较坚硬，且皮色光亮的嫩果期采收。早熟品种5月上旬始收，中熟品种6月上旬始收，晚熟品种6月下旬始收。应配置专门的整理、分级、包装等采后商品化处理场地及必要的设施，长途运输要有预冷处理设施。有条件的地区应建立冷链系统，实行商品化处理、运输、销售全程冷藏保鲜。有机辣椒产品的采后处理、包装标识、运输销售等应符合中华人民共和国国家标准GB/T 19630—2011有机产品标准要求。有机辣椒商品采收要求及分级标准见表1。

表1　有机辣椒商品采收要求及分级标准

作物种类	商品性状基本要求	大小规格	特级标准	一级标准	二级标准
辣椒	新鲜；果面清洁，无杂质；无虫及病虫造成的损伤；无异味	长度和横径（厘米）羊角形、牛角形、圆锥形长度大：>15中：10～15小：<10 灯笼形横径大：>7中：5～7小：<5	外观一致，果梗、萼片和果实呈该品种固有的颜色，色泽一致；质地脆嫩；果柄切口水平、整齐（仅适用于灯笼形）；无冷害、冻害、灼伤及机械损伤，无腐烂	外观基本一致，果梗、萼片和果实呈该品种固有的颜色，色泽基本一致；基本无绵软感；果柄切口水平、整齐（仅适用于灯笼形）；无明显的冷害、冻害、灼伤及机械损伤	外观基本一致，果梗、萼片和果实呈该品种固有的颜色，允许稍有异色；果柄劈裂的果实数不应超过2%；果实表面允许有轻微的干裂缝及稍有冷害、冻害、灼伤及机械损伤

续表

作物种类	商品性状基本要求	大小规格	特级标准	一级标准	二级标准
长辣椒	具有同一品种特征，适于食用；果实新鲜洁净，发育成熟，果形完整，果柄完好，不留叶片，果面平滑；无异味，无异常水分；具有适于市场购销和贮存要求的新鲜度和成熟度；无腐烂、雹伤及冻伤等缺陷		具有果实固有色泽，自然鲜亮，颜色均匀；具有果实固有形状，弯曲度在15°以下；果实丰实，不萎蔫，果柄新嫩；无机械伤及病虫伤；整齐度与平均长度的误差≤±5%；同批次不合格品率不超过10%	具有果实固有色泽，较鲜亮，颜色较均匀；具有果实固有形状，弯曲度在15°～20°；果实丰实，不萎蔫，果柄较新嫩，略皱；有轻微机械伤及病虫伤；整齐度与平均长度的误差≤±7.5%；同批次不合格品率不超过10%	具有果实固有色泽，不够鲜亮，略有杂色；具有果实固有形状，弯曲度在20°～30°；果实丰实，无明显萎蔫，果柄不够新嫩；有较明显机械伤及病虫伤；整齐度与平均长度的误差≤±10%；同批次不合格品率不超过15%

注：摘自NY/T 944—2006《辣椒等级规格》、SB/T 10452—2007《长辣椒购销等级要求》。

8. 生产档案管理要求[①]

应建立严格的投入品管理制度。投入品的购买、存放、使用及包装容器应回收处理，实行专人负责，建立进出库档案。

应详细记载使用农业投入品的名称、来源、用法、用量和使用、停用的日期，病虫草害发生与防治情况，产品收获日期。档案记录保存5年以上。

对有机辣椒生产基地内的生产者和产品实行统一编码管理，统一包装和标识，建立良好的质量追溯制度，确保实现产品质量信息自动化查询。

第二节　夏秋季露地栽培

夏秋辣椒的上市期主要是9、10月份，可起到补秋淡的作用。

1. 品种选用

选用耐热、耐湿、抗病毒病能力强的中、晚熟品种。

2. 培育壮苗

从播种育苗到开花结果需要60～80天，在与夏收作物接茬时，可根据上茬

---

① 本书所涉及所有蔬菜栽培的生产档案管理要求工作可参照进行，不再另行叙述。

作物腾茬时间、所用品种的熟期等，向前推70天左右开始播种育苗，一般在6月上旬播种。苗床设在露地，采用一次播种育成苗的方法，可选用前茬为瓜豆菜或其他旱作物、排灌两便的地段作苗床，床宽1～1.2米，每亩苗床施腐熟厩肥200千克，火土灰100千克，石灰10千克，浅翻入土，倒匀，灌透水，第二天按10厘米×10厘米规格用刀把床土切成方块，种子可采用0.1%高锰酸钾等药剂浸种消毒，捞出洗净后即可播种，不必催芽。将种子点播在营养土块中间，苗期保证水分供应，防止因缺水影响秧苗正常生长或发生病毒病。前期温度低可采用小拱棚覆盖保温，温度高时可在苗床上搭设1.2米高的遮阳网，遇大雨，棚上加盖农膜防雨。有条件的也可采用穴盘育苗，成苗率高。

3. 整地定植

上茬作物收获后及时灭茬施肥，每亩施优质农家肥4000～5000千克，另加磷矿粉40千克及钾矿粉20千克。耕翻整地，起垄或作成小高畦。采用大小行种植，大行距70～80厘米，小行距50厘米，穴距33～40厘米，每穴1株。选阴天或晴天的傍晚定植，起苗前的一天给苗床浇水，起苗时尽量多带宿根土，随栽随覆土并浇水。缓苗前还需再浇2次水。

4. 田间管理

①遮荫　七八月温度高，最好覆盖遮阳网，在田间埋若干1.6米左右高的杆，将遮阳网固定在杆上，9月中旬前后可撤去遮阳网。有条件的，可在定植后在畦上覆盖5～7厘米厚的稻草，可降低地温、保墒，防止地面长草。

②追肥　缓苗后立即进行一次追肥浇水，每亩追施腐熟人粪尿1500千克，顺水冲施。门椒坐果后追第二次肥，每亩冲施腐熟的人粪尿2500千克，结果盛期再追肥1～2次，用量同第二次。

③浇水　坐果前适当控水，做到地面有湿有干，开花结果后要适时浇水，保持地面湿润，注意水不能溢到畦面，及时排干余水。7～8月份温度高，浇水要在早、晚进行。遇有降雨田间发生积水时，要随时排除，遭遇夏季闷雨时，要随之浇井水，小水快浇，随浇随排。降雨多时土壤易板结，要进行划锄处理。

采收分级参见辣椒春露地栽培。

第三节　秋延后大棚栽培

辣椒大棚秋延后栽培，是指通过保护设施使辣椒生产延迟到深秋冷凉季节的栽培方式，此种栽培方式前期高温高湿，中后期温度较低，辣椒生长较慢，在管理上应注意以下几点。

1. 品种选择

选择果肉较厚，果型较大，单果重，商品性好，高抗病毒病，且前期耐高温、后期耐低寒的早中熟品种。

2. 培育壮苗

长江中下游地区一般在7月中旬播种，以7月20日左右最适，选用肥沃、富含有机质，未种过茄科蔬菜的沙壤土作苗床。种子可采用0.1%高锰酸钾等药剂浸种消毒，捞出洗净后即可播种，不必催芽，播后盖稻草保湿，2叶1心期采用营养钵分苗一次，也可直接播在营养钵上，或采用穴盘育苗。

苗期要用遮阳网覆盖降温防雨，即在盖膜的大棚架上加盖遮阳网，也可在没有盖膜的大棚架上盖遮阳网，然后在棚内架小拱棚，雨天加盖塑料薄膜防雨。及时浇水，一般播种后1～2天就要喷一次水，播种后苗床温度控制在25～30℃，3～4天即可出苗，出苗后，保持气温白天20～23℃，夜间15～17℃。从苗期开始就要注意防治蚜虫、茶黄螨、病毒病等。定植前5～7天，施一次送嫁肥。

3. 适时定植

定植地块应早耕、深翻，每亩穴施或沟施腐熟有机肥2500～4500千克，磷矿粉40千克及钾矿粉20千克。

一般在8月15～25日之间定植，以8月20日左右定植完较好。选阴天或晴天傍晚天气较凉时移栽，在膜上打孔定植，边移栽边浇定根水，并在大棚膜上加盖遮阳网，一般每亩栽3500～4000株。

4. 及时盖揭棚膜

棚膜一般在辣椒移栽前就盖好，但10月上旬前棚四周的膜基本上敞开，辣椒开花期适温白天为23～28℃，夜间15～18℃，白天温度高于30℃时，要用双层遮阳网和大棚外加盖草帘，结合灌水增湿达到保湿降温目的。

10月上旬气温开始下降，应撤除遮阳网等覆盖物，到10月中下旬，当白天棚内温度降到25℃以下时，棚膜开始关闭。但要注意温度和湿度的变化，当棚温高于25℃以上时，要揭膜通风。阴雨天棚内湿度大时，可在气温较高的中午通风1~2小时。11月中旬第一次寒潮来临之前，气温降至10℃，棚内要及时搭好小拱棚，夜间气温5℃时，小拱棚膜上再覆盖草帘。12月以后，最低气温可达-2℃，要在小拱棚上再覆盖草帘，这样既保温，又可防止小棚膜上的水珠滴到辣椒上产生冻害。一般上午9时后，揭小拱棚上覆盖物，下午3时盖上，原则上不通风。

5. 肥水管理

定植后7~10天追施1~2次稀粪水，切忌过量施用氮肥。第一批果坐稳后，结合浇水，追施腐熟人畜粪尿水一次。定植后棚内土壤保持湿润，11月上旬应偏湿一些，浇水要适时适度，切忌在土壤较热时浇水和大水勤灌，每隔2~3天灌一次小水。结果盛期叶面喷施有机营养液肥1~2次。追肥灌水时，可结合中耕除草、整枝打杈。11月中旬以后，以保持土壤和空气湿度偏低为宜，不需或少浇水，停止追肥。寒冷天气大棚要短时间内勤通风降湿。

6. 整枝疏叶

在植株坐果正常后，摘除门椒以下的全部腋芽，对生长势弱的植株，还应将已坐住的门椒甚至对椒摘除。辣椒的侧枝要及时抹除，当每株结果量达到12~15个果实时，应将植株的生长点摘掉。在畦的四周拉绳，可避免辣椒倒伏到沟内。10月下旬至11月上旬植株上部顶心与空枝全部摘除，以减少养分消耗，促进果实膨大，摘心时果实上部留2片叶。

采收分级参见辣椒春露地栽培。

第四节　早春辣椒大棚栽培

辣椒大棚春提早栽培，可比露地春茬提早定植和上市40~50天。春末夏初应市。盛夏后通过植株调整，还可进行恋秋栽培，使结果期延迟到8月份，每亩再采收辣椒750~1000千克，是提高早春大棚辣椒收入的重要途径。

1. 品种选择

选用抗性好、低温结果能力强、早熟、丰产、商品性好的品种。

2. 播种育苗

长江流域一般10月中旬～11月上旬，利用大棚进行冷床育苗；或11月上旬～11月下旬，用酿热温床或电热线加温苗床育苗。2～3叶期分苗，加强防寒保温等的管理，培育壮苗。具体育苗技术同辣椒春露地栽培

3. 适时定植

选择土层深厚肥沃、排灌方便、地势高燥的地块，前茬收获后，每亩施腐熟农家肥3000～4000千克、生物有机肥150千克，另加磷矿粉40千克及钾矿粉20千克，底肥充足时可以地面普施，肥料少时要开沟集中施用。开沟时沟距60厘米，沟宽40厘米，沟深30厘米。施后要把肥料与土充分混匀，搂平沟底等待定植，整成畦面宽0.75米、窄沟宽0.25米、宽沟宽0.4米、沟深0.25米的畦，盖上微膜，扣上棚膜烤地。

5～7天后，棚内最低气温稳定在5℃以上，10厘米地温稳定在12～15℃，并有7天左右的稳定时间即可定植。长江流域定植时间一般在2月下旬到3月上旬，不应盲目提早，大棚内加盖地膜或小拱棚可适当提早。选晴天上午到下午2时定植，相邻两行交错栽苗，穴距30厘米，每穴栽1～2株，栽2株苗的，生长点应相距8～10厘米。边栽边用土封住栽口，及时浇水定根。定植后，及时关闭棚门保温。

4. 田间管理

①温湿度管理　定植到缓苗的5～7天要闭门闷棚，使幼苗迅速缓苗成活。不要通风，尽量提高温度，闭棚时，要用大棚套小拱棚的方式双层覆盖保温，保持晴天白天20～30℃，最高可达35℃，尽量使地温达到和保持在18～20℃。

缓苗后降低温度，视天气情况适时通风、换气、见光，辣椒生长以白天保持24～27℃、地温23℃、夜温控制在10～15℃为最佳。若遇寒潮低温天气，采用多层覆盖御寒。

4月气温回暖，可适当掀起大棚四周的裙膜通风，当棚外夜间气温高于15℃时，大棚内小拱棚可撤去。

5月中、上旬，当外界气温高于24℃后才可适时撤除大棚膜，进行露地栽培，也可保留顶膜作防雨栽培。注意防止开花期温度过高易落果或徒长。

②肥水管理　一般在浇定根水后，在定植4～5天后再浇一次缓苗水。此后连续中耕2次进行蹲苗，直到门椒膨大前一般不轻易浇肥水，以防引起植株徒长和

落花落果。门椒长到蚕豆大小时开始追肥浇水，追施腐熟人畜粪尿水一次，以后视苗情和挂果量，酌情追肥。盛果期7~10天浇一次水，一次清水一次水冲肥。一般可根施锌肥0.5~1千克+硼砂0.5~1.0千克。进入结果盛期，在行间开窝，重施60%的浓肥1~2次，也可在垄间距植株茎基部10厘米挖坑埋施饼肥，施后用土盖严。雨水多时，要注意清沟排渍，做到田干地爽、雨住沟干，棚内干旱灌水时，可行沟灌，灌半沟水，让其慢慢渗入土中，以土面仍为白色、土中已湿润为佳，切勿灌水过度。

③植株调整　门椒采收后，门椒以下的分枝长到4~6厘米时，将分枝全部抹去，植株调整时间不能过早。

采收分级参见辣椒春露地栽培。

第五节　有机辣椒病虫害综合防治

有机辣椒生产应从作物–病虫草害整个生态系统出发，综合运用各种防治措施，创造不利于病虫草害滋生和有利于各类天敌繁衍的环境条件，保持农业生态系统的平衡和生物多样化，减少各类病虫草害造成的损失。采用综合措施防控病虫害，露地蔬菜全面应用杀虫灯和性诱剂，设施蔬菜全面应用防虫网、黏虫色板及夏季高温闷棚消毒等生态栽培技术。

1. 农业防治

冬耕冬灌，冬季白茬土在大地封冻前进行深中耕，有条件的耕后灌水，能提高越冬蛹、虫卵死亡率。

幼苗期，育苗用无病苗床、苗土，培育无病壮苗，露地育苗苗床要盖防虫网，保护地育苗通风口要设防虫网，防止蚜虫、潜叶蝇、粉虱进入为害传毒，出苗后要撒干土或草木灰填缝。加强苗期温湿度管理，改善和改进育苗条件和方法，选择排水良好的地作苗床，施入的有机肥要充分腐熟，采用营养钵育苗、基质育苗，出苗后尽可能少浇水，在连阴天也要注意揭去塑料覆盖，苗床温度白天控制在25~27℃，夜间不低于15℃，逐步通风降湿，发现病株及时拔除销毁。在苗床内喷1~2次等量式波尔多液。苗期施用艾格里微生物肥，有利于增强光合作用和抗病毒病能力。

第十一章 有机甘蓝栽培技术

第一节 秋季露地栽培

1. 品种选择

秋甘蓝露地栽培生长前期正是高温季节，因此，应选择耐热而生长期短的早熟品种。

2. 播种育苗

秋甘蓝育苗期间温度高，秧苗出土生长较为困难，需采用遮阳网进行育苗。秋甘蓝播种一般在6月中旬至8月中旬播种为宜。一般每亩大田需苗床20~25米²。

①苗床设置 秋甘蓝育苗期正值夏季炎热多雨季节，苗床应选择通风凉爽、土壤肥沃、排灌方便、前作非十字花科、病虫害少的地块。前作收获后及时清除杂草，翻耕晒地。播种前耙碎土块，每亩施入腐熟人粪尿或优质沼渣肥1500~2000千克作基肥，再浅耕耙平，使土壤疏松，土肥混匀，做成宽（连沟）1~1.2米的高畦。

②播种 为防止播种浇水致使土壤板结，可采取播前浇水抢墒播种的方法。播种前畦面浇小水润透，待水渗下后将种子均匀撒播，播后覆一层细土（厚1~1.5厘米）。每亩大田用种50克左右。也可将种子直接播种营养钵中，或先播于苗床，等苗有2~3片真叶时再移到营养钵中。播种后采用遮阳网直接覆盖，以保持土壤湿度，并防止大雨冲刷后土壤板结。

③搭棚遮荫 甘蓝秧苗虽能耐热，但以凉爽湿润环境为宜。7月天气不仅炎热，而且常多暴雨，搭荫棚既可遮荫又能避雨。播种后3~4天，当幼苗出土时，要揭去遮阳网并改搭荫棚。另外也可直接用小拱棚架覆盖遮阳网。近年来长江流域利用大棚骨架采用"一网一膜"的防雨棚来育苗效果很好。一般荫棚在晴天9：00~10：00盖帘，15：00~16：00揭帘，晚间和阴天不盖。盖帘后的温度要

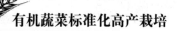

比露地低7～8℃。随着幼苗的生长，逐渐延长见光时间。

④分苗　当幼苗2～3片真叶时分苗，分苗时选优汰劣。并按大、中、小苗分级移植。分苗地同样施足腐熟底肥整成高畦，选晴天傍晚按10厘米×10厘米假植幼苗，边移苗边浇水，栽后3～4天内全天候遮荫，并注意喷水。若采用营养钵和营养块分苗，效果更好。成活后遮阳覆盖材料早盖晚揭。分苗可使幼苗植株茎节粗矮，叶小肉厚，株型矮壮，根系发育良好，有利于后期结球整齐和增强抗逆能力。

⑤肥水管理　播种后如天气干旱无雨，可每隔1～2天浇一次水，最好在畦沟内灌水，水不上畦面而渗入畦内，保持畦面湿润，利于出苗。对初出土的幼苗，晴天应每天早晨浇一次水，以后幼苗逐渐长大，根系入土稍深，可根据天气情况减少浇水次数。大雨后要及时排水，为防苗床湿度过大，可在苗间撒些干土或草木灰吸潮，以免幼苗徒长或发生病害。苗期追肥一般追施腐熟稀薄畜粪尿（或沼液）2次。第一次于播种后7～10天进行，同时进行间苗除草；第二次在分苗后5～7天追肥促苗。

⑥病虫害防治　有菜青虫、小菜蛾、斜纹夜蛾和黄条跳甲等害虫为害时，应及时采取有机蔬菜生产允许采用的物理、生物措施防治。

3. 整地作畦

选前茬作物为非十字花科的地块，且以保水、保肥能力强，排水良好的沙壤土、壤土或轻黏壤土为宜。前茬作物收获后，及时清洁田园，并将病残体集中销毁。大田定植前深翻土地，深度以20～25厘米为宜，并给土壤充分的时间暴晒、风化，以减少病菌，消灭杂草。

整地的同时要施入基肥。每亩宜施入腐熟农家肥3000～4000千克、腐熟大饼肥150千克或腐熟花生饼肥150千克，另加磷矿粉40千克及钾矿粉20千克。土肥应充分混匀，土壤耙碎耙平，长江流域雨水多，应采用高畦或高垄栽培，整地要求做到高畦窄厢，三沟配套。

4. 定植

当秋甘蓝苗长到40天左右，具有7～8片真叶时即可定植。一般早中熟品种，株行距34厘米×45厘米，每亩栽3500～4000株；中熟品种，株行距40厘米×50厘米，每亩栽2500～2800株；晚熟品种，株行距50厘米×60厘米，每亩栽1500～2000株。

5. 田间管理

①追肥　甘蓝生长期间通常追肥4～5次，分别在缓苗期、莲座初期、莲座

后期和结球初期进行，重点在结球初期。追肥的浓度和用量，随植株的生长而增加，并酌量增加磷、钾肥用量。定植成活后及时用腐熟稀沼液提苗，可结合中耕每亩追施稀薄腐熟沼液200千克，加10倍水浇施于幼苗根部附近。在莲座叶生长初期每亩施腐熟的沼液700~1000千克；在莲座叶生长盛期，在行间开沟，亩施饼肥100~150千克或施用腐熟沼渣1000~1200千克并加草木灰，施后封土浇水。球叶开始抱合时，追施一次重肥，亩施腐熟沼液700~1000千克。此后早熟和中熟品种一般不再追肥。中晚熟和晚熟品种在结球中期（距上次追肥15~20天）还应再施一次沼液，随水冲施，促进结球紧实。缺钙引起叶缘枯焦，俗称"干烧心"。在干旱和施肥浓度高或积水情况下，植株对钙吸收困难，易产生缺钙症状。因此，天气干旱时追肥的浓度宜淡。

②浇水 秋甘蓝定植浇水后如发现秧苗心叶被泥糊住，次日清晨可用喷雾器喷清水，冲净心叶上的泥土，下午再浇一次水。天旱无雨时，定植后的第三天下午再浇一次水。生长前期气温高，蒸发量大，应每隔7~10天浇一次水。包心后进入生长盛期更不能缺水。天旱时生长不良，结球延迟，甚至开始包心的叶片也会重新张开，不能结球。浇水的次数根据天气情况和土壤保水力而定。如果在晴天的中午前后叶片萎蔫塌地，应及时浇水，保持畦面湿润。叶球包紧后应停止浇水，否则容易引起叶球炸裂。甘蓝喜湿润，但忌土壤积水，遇大雨时要及时清沟排水，防止田间积水成涝。

③中耕除草 秋甘蓝在生长前期和中期应中耕2~3次。第一次中耕宜深，以利保墒和促根生长。进入莲座期宜浅中耕，并向植株四周培土以促外茎多生根，以利于养分和水分的吸收。

6. 及时采收，分级上市

甘蓝宜在叶球紧实时采收。可用手指按压叶球顶部，判断是否包紧，如有坚硬紧实感，表明叶球已包紧，可采收。应配置专门的整理、分级、包装等采后商品化处理场地及必要的设施，长途运输要有预冷处理设施。有条件的地区建立冷链系统，实行商品化处理、运输、销售全程冷藏保鲜。有机甘蓝产品的采后处理、包装标识、运输销售等应符合中华人民共和国国家标准GB/T 19630—2011有机产品标准要求。有机甘蓝商品采收要求及分级标准见表11-1。

表11-1　有机甘蓝商品采收要求及分级标准

作物种类	商品性状基本要求	大小规格	特级标准	一级标准	二级标准
结球甘蓝	清洁，无杂质；外观形状完好，茎基削平，叶片附着牢固；无外来水分；外观新鲜，色泽正常，无抽薹，无胀裂，无老、黄叶，无烧心、冻害和腐烂	单个球茎大：直径>20厘米中：直径15~20厘米小：直径<15厘米	叶球大小整齐，外观一致，结球紧实，修整良好；无老帮、焦边、侧芽萌发及机械损伤等，无病虫害损伤	叶球大小基本整齐，外观基本一致，结球较紧实，修整较好；无老帮、焦边、侧芽萌发及机械损伤，允许少量虫害损伤等	叶球大小基本整齐，外观相似，结球不够紧实，修整一般；允许少量焦边、侧芽萌发及机械损伤，允许少量病虫害损伤等

注：摘自《结球甘蓝等级规格》（NY/T 1586—2008）。

第二节　春季露地栽培

1. 适时播种

选用冬性强，不易抽薹的优良品种。严格掌握播种期，播种过早会先期抽薹，过迟又影响产量和品质，结球不紧，一般中、晚熟品种播种期为10月下旬至11月中旬，早熟尖头型品种于10月中上旬露地播种育苗。黄淮地区露地越冬春甘蓝9月25日至10月15日育苗，苗龄35~40天；长江流域比较安全的播种期为10月15~25日，最迟不要超过10月25日，苗龄40~55天，以较小的幼苗越冬。如在9月播种，第二年春天大多会先期抽薹而不结球。但播种过迟，越冬时幼苗太小，越冬会冻坏，虽然不会先期抽薹，但收获期延迟，产量较低。因此，要适期播种。

2. 培育壮苗

①苗床土配制　播种床和移植床土，按体积可用草木灰或砻糠灰与肥沃土各1/2相配。

②催芽播种　播种前用20~30℃温水浸种2~4小时，在18~25℃温度下催芽，1~2天后大部分种子露白时播种，也可以干籽直播。在整平苗床后，稍加整压，刮平床面，浇透底水，撒播种子，盖土1厘米厚左右，盖地膜保温保湿。每平方米苗床播15~30克种子，每亩栽培面积需播50克种子。

③苗期管理　出苗期维持18~20℃土温，并及时揭去地膜，出苗后至真叶

破心前下胚轴易徒长，苗床气温和土温比出苗前分别降低2℃。苗床应防止高温（25℃）干旱。春甘蓝一般应分苗控长，可分苗1～2次，一般应分苗一次，在两片真叶时进行。若生长过旺则分苗两次，第一次在破心或1叶1心时进行，第二次在3～4片真叶时进行，成苗的营养面积以（6～8）厘米×（6～8）厘米为宜，缓苗期间苗床气温、地温比苗前提高2～3℃，促缓苗，缓苗后再把温度降下去。当秧苗长出3～4片真叶以后不应长期生长在日平均6℃以下，防止通过春化，若夜间温度过低，可提高白天温度，或采用小拱棚覆盖增温，在4片真叶以后视苗情可追施速效类尿肥。在苗床地表干燥时浇透水，少次透浇，不可小水勤浇。

3. 定植

定植前秧苗有6～8片真叶，下胚轴高度不超过3厘米，节间短，叶片厚，根系发达，无病虫害，未通过春化，苗龄60天左右。定植时还要考虑定植后的环境条件，定植过早，在年内幼苗生长过大，可能先期抽薹；定植过晚，幼苗根系尚未恢复生长，寒冷来临，可能发生受冻缺苗现象。因此，结合各地气候条件，适当掌握定植期，既要达到防止先期抽薹的目的，又要达到苗全苗壮的要求。定植时若温度低，要延后待回暖后进行，剔除过大不合格苗，定植土应深沟高畦，早熟种亩植5000株，中熟3500株，迟熟2000株。

4. 田间管理

栽培地应在畦面铺施有机肥料3000～5000千克，关键是促进叶片的快速生长，故生长期间通常追肥5～6次，春甘蓝除在定植前施迟效性厩肥或堆肥作基肥外，一般在越冬前不再追肥，这也是防止未熟抽薹的关键。冬前施肥过多，易导致幼苗过大而未熟抽薹。若定植时苗较小，定植后可施腐熟稀淡畜粪尿1次提苗。春甘蓝在春暖后开始生长，应于惊蛰前（3月上旬）施一次腐熟沼液或经过发酵的畜粪肥400～500千克；春分前后（3月下旬）在行间开沟重施一次追肥，可以施腐熟的沼渣或经过发酵的畜粪肥1000～1200千克；到结球期再施一次腐熟的沼液或经发酵的畜粪肥700～800千克作追肥。春甘蓝生长期主要在3月上中旬至5月上旬，此期生长迅速，要充分满足其对养分的需要。

甘蓝叶球形成期间需大量水分，适宜空气湿度为80%～85%，土壤湿度为70%～80%，干旱生长不良，结球延迟，应及时灌溉，但甘蓝又怕涝，灌溉深度至畦沟2/3为度，水在畦沟中停留3～4小时后排出。

5. 及时采收，分级上市

一般采收期是从定植时算起，早熟品种65天左右，中熟品种75天左右，极早熟品种55～65天。采收标准是：叶球坚实而不裂，发黄发亮，最外层叶上部外翻，外叶下披。达到这个标准就应及时采收。过早采收虽然售价高，但叶球尚未充实，不但产量低，而且品质也差。叶球一旦充实而不适时采收，很快就会裂球，成为次品。在长江流域，一般在4月底至5月初开始采收，采收方式最好是分次隔株采收。

第三节　夏季栽培

1. 品种选择

夏甘蓝生长前期正值梅雨季节，中后期又遇高温干旱天气，故应选择耐热、耐涝、抗病、生长期短、结球紧实且整齐度高的品种。定植后60天左右能上市，如夏光、苏晨1号、泰国夏王、日本快宝等。

2. 培育壮苗

可于5～6月份分批育苗，苗龄30～35天。播前种子用50℃热水烫种，不断搅拌，消毒20分钟，然后降至20℃，浸种可用清水，浸种时间4小时，淘选两遍，于20℃催芽，当有50%露芽时，把温度降到10～15℃。播前10天先配好床土，用腐熟马粪或草炭4份，葱蒜茬或豆茬土5份，腐熟大粪或鸡粪1份，充分拌匀过筛，盖上塑料备用。播种前将过筛配制好的床土耧平，浇透底水，水渗下后播种，每亩用种量25～30克，上覆0.5～1厘米厚的细干营养土，盖上地膜，待出苗率达75%以上时，再撤掉地膜，幼苗出土前白天保持20～25℃，夜间15℃左右，2～3天即可出苗。苗期不要一次浇水量过大，育苗后期要注意防雨，看天、看地、看苗、灵活掌握浇水期。2～3片真叶展开时及时分苗。苗床床土与播种床床土相同，整平耙细，开沟贴苗，株距8～10厘米，行距10～12厘米，浅覆土，浇暗水，或用6厘米×8厘米营养钵分苗。浇缓苗水后中耕蹲苗。也可以不分苗，分1～2次间大苗定植。

为保证成活率，可选用128孔穴盘进行育苗。

3. 定植

夏甘蓝种植地宜选择地势高、排灌方便的地块。前作收获后，每亩施有机厩肥或堆肥4000～5000千克、磷矿粉40千克、钾矿粉20千克。翻地20～30厘米深，作畦宽1.4～2米，畦沟宽25～30厘米。定植株距40～50厘米，行距45～50厘米。

4. 田间管理

根据土壤湿度浇水，浇水一定要及时，坚持晴天早上浇水，热雨之后做到"涝浇园"，以降低地温，促进根系发育，减少叶球腐烂现象。大雨之后要立即排涝，严防田间积水。

整个生育期共追肥3次，第一次追缓苗肥，缓苗后每亩顺水追腐熟畜粪尿1000千克或腐熟沼液200~250千克；第二次追莲座肥，定植后15~20天，每亩顺水追腐熟畜粪尿2000千克；第三次追结球肥，每亩追腐熟畜粪尿1500~2000千克或腐熟沼液700~1000千克。分次追肥，可避免雨季养分流失，发生脱肥。

定植后2~3天深锄一次，隔5~6天再锄一次，在结球前锄3~4次。

第四节　有机甘蓝病虫害综合防治

1. 农业防治

与非十字花科作物轮作3年以上。种子用50℃温水浸种20分钟，进行种子消毒，可防治黑腐病。及时清除残株败叶，改善田间通风透光条件。摘除有卵块或初卵幼虫食害的叶片，可消灭大量的卵块及初孵虫，减少田间虫源基数。增施腐熟有机肥，加强苗期管理，培育适龄壮苗。小水勤灌，防止大水漫灌。雨后及时排水，控制土壤湿度。适期分苗，密度不要过大。通过放风和辅助加温，调节不同生育时期的适宜温度，避免低温和高温危害。

2. 生物防治

用1%苦参碱水剂600倍液喷雾防治蚜虫。在平均气温20℃以上时，防治菜青虫、小菜蛾、甜菜夜蛾，每亩用苏云金杆菌乳剂250毫升或粉剂50克对水喷雾。防治菜青虫、棉铃虫，用青虫菌6号粉剂500~800倍液喷雾。防治小菜蛾、菜青虫用25%灭幼脲悬浮剂800~1000倍液喷雾。

3. 物理防治

采用黑光灯及糖醋液诱杀甘蓝夜蛾、菜青虫、小地老虎等的成虫。设置黄板诱杀蚜虫，用20厘米×100厘米的黄板，按照每亩30~40块的密度，挂在行间或株间，高出植株顶部，诱杀蚜虫。大型设施的放风口用防虫网封闭，夏季覆盖塑料薄膜、防虫网和遮阳网，进行避雨、遮阳、防虫栽培，减轻病虫害的发生。

第十二章　有机茄子栽培技术

第一节　春季露地栽培

1. 培育壮苗

①播期确定　露地早春栽培，于11月中下旬电热温床育苗，3月下旬至4月上旬定植。地膜覆盖栽培播期同露地栽培，也可提早10天左右。

②苗床制作　培养土用新鲜园土、腐熟猪粪渣、炭化谷壳各1/3，拌和均匀。也可采用穴盘育苗，穴盘选用50孔穴盘，育苗基质宜于播种前3~5天，用木醋液50倍液进行苗床喷洒，盖地膜或塑料薄膜密闭，或用硫黄（0.5千克/米^3）与基质混匀，盖塑料膜密封。不应使用禁用物质处理育苗基质。

③浸种催芽　可用55℃温水浸种，不断搅拌保持水温15分钟，然后转入30℃的水中继续浸泡8~10小时。催芽可采用变温处理，每天在25~30℃下催芽16小时，再在20℃下催芽8小时，4~5天可出芽。一般每隔8~12小时翻动一次，清水洗净，控干再催，80%左右种子露白即播。温汤浸种后，还可采用高锰酸钾300倍液浸泡2小时，或木醋液200倍液浸泡3小时，或石灰水100倍液浸泡1小时，或硫酸铜100倍液浸泡1小时。消毒后再用清水浸种4小时，捞出沥干后进行催芽。

④苗床管理要点　播种床管理：先打透底水，再薄盖一层消毒过筛营养土，每平方米苗床播种20~25克。播后再盖1~1.5厘米厚营养土，塌地盖膜，封大棚门。从播种到子叶微展的出苗期，盖上地膜不要通风，床温控制在24~26℃。70%出土时地膜起拱。

从子叶微展到第一真叶破心，白天气温不宜超过25℃，地温白天18~20℃，夜间14~16℃。适当通风降湿，控制浇水。

从破心期到第四片真叶期，床温控制在16~23℃之间，晴天多通风见光。床土尚未露白及时浇水，保持半干半湿。若养分不够，可结合喷水追0.1%的有机肥营养液1~2次。分苗前应注意对秧苗进行适当锻炼。

分苗：播种后30～40天，当幼苗有3～4片真叶时，选晴天用营养钵分苗。

分苗床管理：缓苗期加强覆盖，一般不通风，保持白天气温30℃，夜间20℃，地温18～20℃；进入旺盛生长期，控制白天气温25℃，夜间15～16℃，白天地温16～17℃，夜间不低于13℃。晴天多通风见光，一般视天气情况每隔2～3天喷水一次，不使床土露白，每次浇水不宜过多，秧苗缺肥时，可结合浇水喷0.2%的有机肥营养液2～3次。适时松土。定植前7天炼苗，白天降至20℃，夜间13～15℃，控制浇水和加大通风量。

有条件的最好采用专用育苗基质进行穴盘育苗，不需分苗，一次成苗。

⑤壮苗标准　株高10～15厘米，7～8片真叶，叶片大而厚，叶色浓绿带紫，根系多无锈根，全株无病虫害，无机械损伤。

2. 整地施肥

选择有机质丰富、土层深厚、排水良好、与茄果类蔬菜间隔三年以上的土壤。深沟高畦窄畦，深耕晒垡。长江流域宜采用深沟高厢（畦）栽培，沟深15～25厘米，宽20～30厘米，厢（畦）面宽1.1～1.3米（包沟）。露地栽培每亩用腐熟有机肥2500千克，或腐熟大豆饼肥130千克，或腐熟花生饼肥150千克，另加磷矿粉40千克及钾矿粉20千克。另外，宜每3年施一次生石灰，每次每亩施用75～100千克。

3. 及时定植

露地栽培在当地终霜期后，日平均气温15℃左右定植，在长江流域一般于3月下旬至4月上旬，在不受冻害的情况下尽量早栽，中熟品种可与早熟品种同期定植，也可稍迟。地膜覆盖栽培定植期可较露地提前7天左右，趁晴天定植。早熟品种每亩栽2200～2500株，中熟种约2000株，晚熟种约1500株。定植方法：先开穴后定植，然后浇水。地膜覆盖定植可采用小高畦地膜覆盖栽培，先盖膜，后定植，畦高10～25厘米不等。

4. 田间管理

①追肥　一般定植后4～5天，结合浅中耕，于晴天土干时用浓度为20%～30%的人畜粪点蔸提苗。阴雨天可用浓度为40%～50%的人畜粪点蔸，3～5天一次，一直施到茄子开花前。开花后至坐果前适当控制肥水。基肥充足

可不施肥，生长较差可在晴天用浓度为10%～20%的人畜粪浇泼一次。门茄坐果后至第三层果实采收前应及时供给肥水。晴天每隔2～3天可施一次浓度为30%～40%的人畜粪，雨天土湿时可3～4天一次，用浓度为50%～60%的人畜粪。第三层果实采收后以供给水分为主，结合施用浓度为20%～30%的人畜粪，采收一次追肥一次。地膜覆盖栽培宜"少吃多餐"，或随水浇施，或在距茎基部10厘米以上行间打孔埋施，施后用土封严，并浇水。中后期追施为全期追肥量的2/3。施肥还可以叶面喷洒1%草木灰水浸出液，或质量符合有机生产要求的含氨基酸或含微量元素的叶面肥。

②浇水　茄子要求土壤湿度80%，生长前期需水较少，土壤较干可结合追肥浇水。第一朵花开放时要控制水分，果实坐住及时浇水。结果期根据果实生长情况及时浇灌。高温干旱季节可沟灌，注意灌水量宜逐次加大，不可漫灌，要急灌、急排。高温干旱之前可利用稻草、秸秆等进行畦面覆盖，覆盖厚度以4～5厘米为宜。地膜覆盖栽培，注意生长中、后期结合追肥及时浇水，可采用沟灌、喷灌或滴灌。

③中耕培土　定植后结合除草中耕3～4次。封行前进行一次大中耕，深挖10～15厘米，土坨宜大，如底肥不足，可补施腐熟饼肥埋入土中，并进行培土。中晚熟品种，应插短支架防倒伏。

④整枝摘叶　茄子一般不整枝，只是门茄在瞪眼以前分次摘除无用侧枝。对于生长健壮的植株，可以在主干第一朵花或花序下留1～2个分枝。对于失去光合作用的衰老叶片，应及时摘除，改善田间通风状况。露地的茄子一般不打顶，但在密植或生长期较短、结果后期，可适时摘顶。

5. 及时采收，分级上市

茄子要果实充分长大，有光泽，近萼片边缘果实变白或浅紫色时采收。应配置专门的整理、分级、包装等采后商品化处理场地及必要的设施，长途运输要有预冷处理设施。有条件的地区应建立冷链系统，实行商品化处理、运输、销售全程冷藏保鲜。有机茄子产品的采后处理、包装标识、运输销售等应符合中华人民共和国国家标准GB/T 19630—2011有机商品标准要求。露地茄子一般在5月下旬至7月采收。有机茄子商品采收基本要求及分级标准见表11-2。

表11-2　有机茄子商品采收基本要求及分级标准

商品性状基本要求	大小规格		特级标准	一级标准	二级标准
同一品种或果实特征相似品种；已充分膨大的鲜嫩果实，无籽或种子已少量形成，但小坚硬；外观新鲜；无任何异常气味或味道；无病斑、无腐烂；无虫害及其所造成的损伤	长茄（果长：厘米） 大：>30 中：20～30 小：<20		外观一致，整齐度高，果柄、花萼和果实呈该品种固有的颜色，色泽鲜亮，不萎蔫；种子未完全形成；无冷害、冻害、灼伤及机械损伤	外观基本一致，果柄、花萼和果实呈该品种固有的颜色，色泽较鲜亮，不萎蔫；种子已形成，但不坚硬；无明显的冷害、冻害、灼伤及机械损伤	外观相似，果柄、花萼和果实呈该品种固有的色泽，允许稍有异色，不萎蔫；种子已形成，但不坚硬；果实表面允许稍有冷害、冻害、灼伤及机械损伤
	圆茄（横径：厘米） 大：>15 中：11～15 小：<11				
	卵圆茄（果长：厘米） 长：>18 中：13～18 小：<13				

注：摘自《茄子等级规格》（NY/T 1894—2010）。

第二节　夏秋栽培

1. 品种选择

选用耐热、抗病性强、高产的中晚熟品种。

2. 培育壮苗

夏秋茄子一般在4月上旬至5月下旬露地阳畦育苗。苗床经翻耕后，加入腐熟农家混合肥作基肥，畦宽1.7米，整土，浇足底水，表面略干后，划成12厘米×12厘米规格的营养土坨，每坨中央摆2～3粒种子，覆土1.0～1.5厘米厚，1叶1心时，每坨留1株。也可把种子播到苗床，待出土长到2片真叶后分苗，苗距12厘米×12厘米，浇水或降雨后及时在床面上撒干营养土，苗期不旱不浇水。若提早到3月份播种，须注意苗期保温。5月以后高温时期育苗，应搭荫棚或遮阳网。播种后可在畦面覆盖薄层稻草湿润，开始出苗后揭除，适当控制浇水防苗徒长，出苗后要及时间苗，2叶1心时分苗，苗距13厘米左右，稀播也可不分苗，苗龄40～50天后定植。有条件的，最好采用穴盘育苗，一次成苗。

3. 及时定植

选择4～5年内未种过茄科蔬菜、土层深厚、有机质丰富、排灌两便的沙壤土。亩施腐熟有机肥5000千克以上，另加磷矿粉40千克及钾矿粉20千克。早播苗龄60天左右，迟播苗龄50天左右，具7～8片叶，顶端现蕾即可定植。深沟高畦，畦宽1米左右，沟深15～20厘米，栽2行，行株距60厘米×（40～60）厘米，亩栽植2500株左右。

4. 田间管理

①雨后立即排水防沤根　门茄坐住后及时结合浇水追肥，亩施粪水1000～1500千克，以后每层果坐住后及时追一次肥，每次每亩追施人畜粪水1500千克左右。高温干旱时期需经常灌水，并在畦面铺盖4～5厘米厚稻草或茅草。

②定植后结合除草及时中耕3～4次　封行前进行一次大中耕，深挖10～15厘米，土坨宜大，如底肥不足，可补施腐熟饼肥埋入土中，并进行培土。株型高大品种，应插短支架防倒伏。

③把根茄以下的侧枝全部抹除　植株封行以后分次摘除基部病、老、黄叶。如植株生长旺盛可适当多摘，反之少摘。

采收分级同茄子春露地栽培。

第三节　冬春季大棚栽培

有机茄子冬春季大棚栽培，是利用大棚内套小拱棚加地膜设施，达到提早定植、提早上市目的栽培方法，效益较好。

1. 品种选择

选择抗寒性强、耐弱光、株型矮、适宜密植的极早熟或早熟品种。

2. 培育壮苗

①苗床制作　培养土配方为：新鲜园土，腐熟猪粪渣，炭化谷壳各1/3，拌和均匀。

②浸种催芽　用塑料大棚冷床育苗，播种期可提早到上一年10月，也可采用酿热加温大苗越冬，播种前7天进行浸种催芽。浸种可采用温汤浸种或药剂浸种。温汤浸种，即选用55℃温水浸种，并不断搅拌和保持水温15分钟，然后转入30℃的水中继续浸泡8～10小时。药剂浸种，如防止茄子褐纹病，可将种子先在温水中浸5～6小时后，选用1%高锰酸钾液浸30分钟，然后用清水充分漂洗干净。

催芽可在催芽箱中进行。采用变温处理，即每天在25～30℃条件下催芽16小时，再在20℃条件下催芽8小时，4～5天即可出芽，一般每隔8～12小时翻动一次，清水洗净，控干再催，80%左右种子露白即播。

③苗床管理要点 播种床管理：播种时要先打透底水，再薄盖一层过筛营养土，然后播种，每平方米苗床可播种20～25克。播后再盖1～1.5厘米厚过筛营养土，然后塌地盖上地膜，封大棚门。从播种到子叶微展的出苗期，需4～5天，盖上地膜不要通风，床温控制在24～26℃。70%出土时地膜起拱。

从子叶微展到第一片真叶破心，约需7天，应降温控湿。白天气温不宜超过25℃，地温白天18～20℃，夜间14～16℃。适当通风降湿，控制浇水，使床土露白。

从破心期到第四片真叶期，床温应控制在16～23℃之间，遇晴天应尽可能多通风见光，加强光照。床土尚未露白时及时浇水，保持床土半干半湿。若床土养分不够，可结合喷水追施有机营养液肥1～2次。分苗前应注意对秧苗进行适当锻炼。

播种后30～40天，当幼苗有3～4片真叶时，选晴天用10厘米×10厘米的营养钵分苗。栽植不宜过深，以平根茎为度。分苗后速浇定根水。

分苗床管理：在缓苗期的4～6天，加强覆盖，一般不通风，保持白天气温30℃，夜间20℃，地温18～20℃；进入旺盛生长期，应控温，白天气温25℃，夜间气温15～16℃，白天地温16～17℃，夜间气温不低于13℃。晴天尽可能多通风见光，如遇连续阴雨天可采取人工补光，一般视天气情况每隔2～3天喷水一次，不使床土露白，每次浇水不宜过多，发现秧苗有缺肥症状，可结合浇水喷施有机营养液肥2～3次。为防止床土板结，要适时松土。定植前一周，应对秧苗进行锻炼，白天降至20℃，夜间13～15℃，控制浇水和加大通风量。

有条件的可采用穴盘育苗。

3. 及时定植

①整地施肥 大棚应在冬季来临前及时整修，并在定植前一个月左右抢晴天扣棚膜，以提高棚温。在前作收获后及时深翻30厘米左右。定植前10天左右作畦，宜作高畦，畦面要呈龟背形，基肥结合整地施入。一般每亩施腐熟堆肥5000千克，优质饼肥60千克，磷矿粉40千克及钾矿粉20千克，2/3翻土时铺施，1/3在作畦后施入定植沟中。有条件的可在定植沟底纵向铺设功率为800瓦的电加温

线，每行定植沟中铺设一根线。覆盖地膜前一定要将畦面整平。

②定植　在长江流域定植期可选在2月下旬至3月上旬，应选择冷尾暖头的晴天进行定植。采取宽行密植栽培，即在宽1.5米包沟的畦上栽2行，株行距（30~33）厘米×70厘米，每亩定植3000株左右。定植前一天要对苗床浇一次水，定植深度应与秧苗的子叶下平齐为宜，若在地膜上面定植，破孔应尽可能小，定苗后要将孔封严，浇适量定根水，定根水中可掺少量稀薄粪水。

4. 田间管理

①温湿度管理　秧苗定植后有5~7天的缓苗期，基本上不要通风，控制棚内气温在24~25℃，地温20℃左右，如遇阴雨天气，应连续进行根际土壤加温。缓苗后，棚温超过25℃时应及时通风，使棚内最高气温不要超过28~30℃，地温以15~20℃为宜。生长前期，当遇低温寒潮天气时，可适当间隔地进行根际土壤加温，或采取覆盖草帘等多层覆盖措施保温。进入采收期后，气温逐渐升高，要加大通风量和加强光照。当夜间最低气温高于15℃时，应采取夜间大通风。进入6月份，为避免35℃以上高气温为害，可撤除棚膜转入露地栽培。

②水肥管理　定植缓苗后，应结合浇水施一次稀薄的粪肥，进入结果期后，在门茄开始膨大时可追施较浓的粪肥；结果盛期，应每隔10天左右追肥一次，每亩每次施用稀薄粪肥1500~2000千克，追肥应在前批果已经采收、下批果正在迅速膨大时进行。

在水分管理上，要保持80%的土壤相对湿度，尤其在结果盛期，在每层果实发育的始期、盛长期以及采收前几天，都要及时浇水，每一层果实发育的前、中、后期，应掌握"少、多、少"的浇水原则。每层果的第一次浇水最好与追肥结合进行。每次的浇水量要根据当时的植株长势及天气状况灵活掌握，浇水量随着植株的生长发育进程逐渐增加。

③整枝摘叶　采取"自然开心整枝法"，即每层分枝保留对叉的斜向生长或水平生长的两个对称枝条，对其余枝条尤其是垂直向上的枝条一律摘除。摘枝时期是在门茄坐稳后将以下所发生的腋芽全部摘除，在对茄和四母茄开花后又分别将其下部的腋芽摘除，四母茄以上除了及时摘除腋芽，还要及时打顶摘心，保证每个单株收获5~7个果实。

整枝时，可摘除一部分下部叶片，适度摘叶可减少落花，减少果实腐烂，促进果实着色。为改善通风透光条件，可摘除一部分衰老的枯黄叶或光合作用很弱的叶片。摘叶的方法是：当对茄直径长到3～4厘米时，摘除门茄下部的老叶，当四母茄直径长到3～4厘米时，又摘除对茄下部的老叶，以后一般不再摘叶。

④中耕培土 采用地膜覆盖的，到了5月下旬至6月上旬，应揭除地膜进行一次中耕培土，中耕时，为不损坏电加热线，株间只能轻轻松动土表面，行间的中耕则要掌握前期深、中后期浅的原则，前期可深中耕达7厘米，中后期宜浅中耕3厘米左右，中后期的中耕要与培土结合进行。

采收分级同茄子春露地栽培。

第四节   大棚秋延后栽培

茄子大棚秋延后栽培，在9月份以后上市的茄子效益非常可观，但技术难度很大，主要是前期高温季节病虫害为害重，难以培育壮苗。应在整个栽培过程中，加强病虫害的预防，做好各项栽培管理，方能取得理想的丰产效果。

1. 播种育苗

①品种 选择生育期长、生长势强健、耐热、后期耐寒、抗性强、品质好、耐贮运的中晚熟品种。

②播期 一般6月10～15日播种，过早播种，开花盛期正值高温季节，将影响茄子产量；过迟播种，后期遇到寒潮，茄子减产。

③育苗 可露地播种育苗，最好在大棚内进行。选地势较高、排水良好的地块作苗床，要筑成深沟高畦。催芽播种，撒播种子时要稀一些。播种时浇足底水，覆土后盖上一层湿稻草，搭建小拱棚，小拱棚上覆盖旧的薄膜和遮阳网，四周通风，在秧苗顶土时及时去掉稻草，当秧苗2～3片真叶时，一次性假植进营养钵，假植后要盖好遮阳网。也可直接播种于营养钵或穴盘内进行育苗，但气温高时要注意经常浇水，做到晴天早晚各一次，浇水时可补施稀淡人粪尿。

定期用10%混合氨基酸铜络合物水剂300倍液喷雾或浇根，发现蚜虫及时消灭。此外，还要注意防治红蜘蛛、茶黄螨、蓟马等虫害。

2. 整地施肥

前茬作物采收后清除残枝杂草，每亩施腐熟厩肥6000～7000千克，磷矿粉50千克，钾矿粉20千克，于定植前10天左右施入。整地作畦。

3. 及时定植

定植前一天晚上进行棚内消毒，按每立方米空间用硫黄5克，加锯末20克混合后暗火点燃，密闭熏烟一夜。定植宜选在阴天或晴天傍晚进行。一般苗龄40天，有5~6片真叶时及时定植，每畦种2行，株距40厘米，定植后施点根肥。覆盖遮阳网，成活后揭去遮阳网，在畦面上覆盖稻草以降温保湿。

4. 田间管理

①肥水管理　定植后浇足定植水，缓苗后浇一次水，并每亩追施腐熟沤制的饼肥100千克。多次中耕培土，蹲苗。早秋高温干旱时，要及时浇水，并结合浇水经常施薄肥，保持土壤湿润，每次浇水后，应在半干半湿时进行中耕，门茄坐住后结束蹲苗。

进入9月中旬后，植株开花结果旺盛，要及时补充肥料，一般在坐果后，初期2~3次以稀薄人畜粪尿水或沼肥为主，每亩每次施1000~1500千克。后2~3次以饼肥为主，每亩每次用10~15千克。以后以追施腐熟粪肥为主，10~12天一次。每次浇水施肥后都要放风排湿。进入11月中旬后，如果植株生长比较旺盛，可不再施肥。

②植株调整　进入9月中旬，植株封行后，适当整枝修叶，低温时期适当加强修叶，一般将门茄以下的侧枝全部摘除，将门茄下面的侧枝摘除后一般不整枝。

③吊蔓整枝　门茄采收后，转入盛果期，此时植株生长旺盛，结果数增加，要及时吊蔓（插竿），防止植株倒伏。采用吊架引蔓整枝，吊蔓所用绳索应为抗拉伸强度高、耐老化的布绳或专用塑料吊绳，而不用普通的塑料捆扎绳。将绳的一端系到茄子栽培行上方的8号铁丝上，下端用宽松活口系到侧枝的基部，每条侧枝一根绳，用绳将侧枝轻轻缠绕住，让侧枝按要求的方向生长。绑蔓时动作要轻，吊绳的长短要适宜，以枝干能够轻轻摇摆为宜。

④温度管理　前期气温高，多雷阵雨，时常干旱，可在大棚上盖银灰色遮阳网（一般可在缓苗后揭除）。9月下旬以后温度逐渐下降，如雨水多可用薄膜覆盖大棚顶部。10月中旬以后，当温度降到15℃以下时，应围上大棚围裙，并保持白天温度在25℃左右，晚上15℃左右。11月中旬后，如果夜间最低温度在10℃以下时应在大棚内搭建中棚，覆盖保温。大棚密封覆盖后，当白天中午的温度在30℃以上时，应通风。

5. 适时采收

一般从9月下旬前后开始及时采收，以免影响上层果实的生长发育。当棚内最低温度10℃以下时，茄子果实生长缓慢，老熟慢，应尽量延后采收。可一直采收到11月，甚至元月。分级标准同茄子春露地栽培。

第五节　有机茄子病虫害综合防治

1. 农业防治

菜田冬耕冬灌，将越冬害虫源压在土下，菜田周围的杂草铲除烧掉。与非茄科作物轮作3年以上，或水旱轮作1年，能预防多种病害，特别是黄萎病。苗期，播种前清除病残体，深翻减少菌、虫源；要控制好苗床温度，适当控制浇水，保护地要撒干土或草木灰降湿；摘除病叶，拔除病株，带出田外处理；及时分苗，加强通风；嫁接防治黄萎病接穗用本地良种，砧木用野茄2号或日本赤茄，当砧木4～5片真叶，接穗3～4片真叶时，采用靠接法嫁接。露地栽培要盖地膜，小拱棚栽培要及时盖草帘，防止冻害。定植后在茎基部撒施草木灰或石灰粉，可减少茎部茄子褐纹病、绵疫病等的发生。结果期，及时摘除病叶、病果和失去功能的叶片，清除田间及周围的杂草；在斑潜蝇的蛹盛期中耕松土或浇水灭蛹；适时追肥，大棚注意通风降湿，适当控制浇水，防止大水漫灌。施足腐熟有机肥。

2. 生物防治

利用天敌消灭有害生物，如在温室内释放丽蚜小蜂对防治温室白粉虱有一定的效果。每亩用苏云金杆菌600～700克，或0.65%苗蒿素400倍液，或2.5%苦参碱3000倍液喷雾防治温室白粉虱，也可用20%～30%的烟叶水喷雾或用南瓜叶加少量水捣烂后2份原汁液加3份水进行喷雾。此外，还可选用以下生物药剂防治茄子病虫害。

印楝素：用0.3%乳油1000～1300倍液防治白粉虱、棉铃虫、夜蛾类害虫、蚜虫等。

鱼藤酮：用7.5%乳油1500倍液防治蚜虫、夜蛾类害虫、二十八星瓢虫等。

氨基寡糖素：种子在播种前用0.5%水剂400～500倍液浸种6小时，可预防青

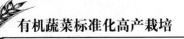

枯病、枯萎病、病毒病等。田间发现枯萎病、青枯病、根腐病等时，可用0.5%水剂400～600倍液灌根。

健根宝：育苗时，每平方米用108cfu/克健根宝可湿性粉剂10克与15～20千克细土混匀，1/3撒于种子底部，2/3覆于种子上面，可预防茄子猝倒病和立枯病。分苗时，每100克10^8cfu/克健根宝可湿性粉剂对营养土100～150千克，混拌均匀后分苗。定植时，每100克10^8cfu/克健根宝可湿性粉剂对细土150～200千克，混匀后每穴撒100克。进入坐果期，每100克10^8cfu/克健根宝可湿性粉剂对45千克水灌根，每株灌250～300毫升，可防治茄子枯萎病。

井冈霉素：用5%水剂1500倍液喷淋植株根茎部，防治茄子立枯病。

硫酸链霉素：用72%可溶性粉剂4000倍液喷雾，防治茄子软腐病和细菌性褐斑病。用72%可溶性粉剂4000倍液灌根，每株灌300～500毫升药液，每隔10天灌一次，连灌2～3次，可防治茄子青枯病。

新植霉素：用200毫克/千克浓度的药液，浸种3小时后，捞出洗净催芽，可防治茄子的种传细菌性病害。

蜡质芽孢杆菌：防治茄子青枯病时，从发病初期开始灌根，10～15天后需要再灌一次。一般使用8亿活芽孢/克可湿性粉剂80～120倍液，或20亿活芽孢/克可湿性粉剂200～300倍液，每株需要灌药液150～250毫升。

3. 物理防治

利用蚜虫和白粉虱的趋黄性，在田间设置黄色机油或在温室的通风口挂黄色黏着条诱杀蚜虫和温室白粉虱。银灰色反光膜对蚜虫具有忌避作用，可在田间用银灰色塑料薄膜进行地膜覆盖栽培，在保护地周围悬挂上宽10～15厘米的银色塑料挂条。为了减轻马铃薯瓢虫对茄子的为害，可在茄田附近种植少量马铃薯，使瓢虫转移到马铃薯上来，再集中消灭。在温室、大棚的通风口覆盖防虫网，可减轻害虫及昆虫传播的病害。

4. 诱杀成虫

斜纹夜蛾、小老虎等，可用黑光灯诱杀和糖、酒、醋液诱杀，后者是用糖6份、酒1份、醋3份、水10份，并加入90%敌百虫1份均匀混合制成糖酒醋诱杀液，用盆盛装，待傍晚时投放在田间，距地面高1米，第二天早晨，收回或加盖，防止诱杀液蒸发。棉铃虫，可在成虫盛发期，选取带叶杨树枝，剪下长33.3

厘米左右，每10枝扎成一束，绑挂在竹竿上，插在田间，每亩插20束，使叶束靠近植株，可以诱来大量蛾子隐藏在叶束中，于清晨检查，用虫网振落后，捕捉杀死或用黑光灯诱蛾。

5. 其他可选用的无机铜制剂等

硫酸铜浸种：用0.1%溶液浸种5分钟，可防治种传的茄子枯萎病。

石硫合剂：用0.2～0.5波美度液喷雾，可防治茄子白粉病、螨类。

波尔多液：用1∶1∶200液，可防治茄子褐纹病、绵疫病、赤星病。

氢氧化铜：用77%可湿性粉剂400～500倍液，可防治茄子疫病、果腐病、软腐病、细菌性褐斑病。用400～500倍液，在初发病时，每株灌0.3～0.5升药液，可防治茄子青枯病。

高锰酸钾：防治病毒病，发病初期，用高锰酸钾800倍液喷雾。

第十三章　有机萝卜栽培技术

第一节　秋冬栽培

1. 精细整地

种植秋冬萝卜，应选择土层厚、土壤疏松的壤土或沙壤土。前茬以瓜类、茄果类、豆类蔬菜为宜，其中尤以西瓜、黄瓜、甜瓜较好，其次为马铃薯、洋葱、大蒜、早熟番茄、西葫芦等蔬菜和小麦、玉米等粮食作物。

深耕、精细整地，耕地时间以早为好，第一次耕地应在前茬作物收获后立即进行，耕地的深度因萝卜的品种而异。肉质根入土深的大型萝卜应深耕33厘米以上，肉质根大部分露在地上的大型和中型萝卜深耕23~27厘米，小型品种可深耕16~20厘米。耕地的质量要好，深度必须一致，不可漏耕。第一次耕起的土块不必打碎，让土块晒透以后结合施基肥再耕翻数次，深度逐次降低。最后一次耕地后必须将上下层的土块打碎。

2. 施足基肥

整地的同时要施入基肥。萝卜施肥以基肥为主，追肥为辅。基肥一定要充分腐熟，新鲜厩肥和未经充分腐熟的粪肥不要施用，以免在发酵过程中将幼苗主根烧伤，形成畸形根或引起地下害虫的为害。每亩宜施入腐熟农家肥3000~4000千克，或腐熟大豆饼肥150千克，或腐熟花生饼肥150千克，另加磷矿粉40千克及钾矿粉20千克。另外，长江流域有机萝卜基地宜每3年施一次生石灰，每次每亩施用75~100千克。

3. 播种育苗

①播期　秋冬萝卜应在秋季适时播种，使幼苗能在20~25℃的较高温度下生长，但播种期也不宜过于提早，以免幼苗期受高温、干旱、暴雨、病虫等的为害，使植株生长不良，播种期过早也会影响后期肉质根的肥大，甚至发生抽薹糠心等现象。在长江流域，一般8月中下旬播种为宜。

②播种　撒播、条播和穴播均可。撒播就是将种子均匀地撒播于畦中，其上覆薄土一层，这种方法的优点是可以经济利用土地，但对整地、筑畦、撒种、覆土等技术的要求更为严格，缺点是用种量较多，间苗、除草等较为费工。条播即根据行距开沟播种，优点是播种比较均匀，深度较一致，出苗整齐，较撒播法省种、省工、省水。为了提高产量，也可以加宽播种的幅度，以兼具条播与撒播的优点。穴播即按作物的株、行距开穴播种，或先按行距开沟，再按株距在沟内点播种子，每穴中播1粒或几粒种子。

萝卜播种方式的选择，一般可根据种子价格和数量的多少、不同的作畦方式、不同的栽培季节及根型大小不同而选用不同的方式。秋萝卜一般撒播较多，条播次之，穴播最少。大型品种多采用穴播；中型品种多采用条播；小型品种可用条播或撒播。播种时，必须稀密适宜，过稀时容易缺苗，过密则匀苗费力，苗易徒长，且浪费种子。一般撒播每亩用种量500克，点播用种量100～150克，穴播的每穴播种2～3粒，穴播的要使种子在穴中散开，以免出苗后拥挤，条播的也要播得均匀，不能断断续续，以免缺株。撒播的更要均匀，出苗后如果有缺苗现象，应及时补播。

③密度　大型萝卜株距40厘米，行距40～50厘米，若起垄栽培时，株距27～30厘米，行距54～60厘米。中型品种株行距（17～27）厘米×（17～27）厘米。小型四季萝卜株行距为（5～7）厘米×（5～7）厘米。播种时的浇水方法有先浇水、播种后盖土，与先播种、盖土后浇水两种。前者底水足，上面土松，幼苗出土容易，后者容易使土壤板结，必须在出苗前经常浇水，保持土壤湿润，才易出苗。播种后盖土约2厘米厚，疏松土稍深，黏重土稍浅。播种过浅，土壤易干，且出苗后易倒伏，胚轴弯曲，将来根形不正；播种过深，不仅影响出苗的速度，还影响肉质根的长度和颜色。

4. 田间管理

①及时间苗　萝卜的幼苗出土后生长迅速，要及时间苗。间苗的次数与时间要依气候情况、病虫为害程度及播种量的多少而定。间苗的时间应掌握"早间苗、稀留苗、晚定苗"的原则。一般在第一片真叶展开时即可进行第一次间苗，拔除受病虫侵害、生长细弱、畸形、发育不良、叶色墨绿而无光泽，或叶色太淡而不具原品种特征的苗。间苗次数，一般用条播法播种的，间苗3次，即在生有1～2片真叶时，每隔5厘米留苗1株；苗长至3～4片真叶时，每隔10厘米留苗1株；6～7片真叶时，依规定的距离定苗。用点播法播种的，间苗2次，在1～2片

真叶时，每穴留苗2株；6～7片叶时每穴留壮苗1株。间苗后必须浇水、追肥，土干后中耕除草，使幼苗生长良好。

②合理浇灌　播种时要充分浇透水，使田间持水量在80%以上。幼苗期，苗小根浅需水少，田间持水量以60%为宜，要掌握"少浇、勤浇"的原则。在幼苗破白前的一个时期内，要小水蹲苗，以抑制侧根生长，使直根深入土层。从破白至露肩，需水渐多，要适量灌溉，但也不能浇水过多，以防叶部徒长，做到"地不干不浇，地发白才浇"。肉质根生长盛期，应充分均匀供水，田间持水量维持在70%～80%，空气湿度80%～90%。肉质根生长后期，仍应适当浇水，防止糠心，浇水应在傍晚进行。"露肩"到采收前10天停止浇水，以防肉质根开裂，提高萝卜的耐贮性。无论在哪个时期，雨水多时都要注意排水，防止积水沤根。

③追肥　基肥充足而生长期较短的品种，少施或不施追肥，尤其不宜用人粪尿作追肥。大型萝卜品种生长期长，需分期追肥，但要着重在萝卜生长前期施用。第一次追肥在幼苗第二片真叶展开时进行，每亩施腐熟沼液，按1∶10的比例兑水成1500千克施用；第二次在"破肚"时，每亩施腐熟沼液，按1∶2的比例兑水成1500千克施用；第三次在"露肩"期以后，用量同第二次。或在定苗后，每亩施腐熟豆饼50～100千克或草木灰100～200千克，在植株两侧开沟施下，施后盖土。当萝卜肉质根膨大盛期，每亩再撒施草木灰150千克，草木灰宜在浇水前撒于田间。追肥后要进行灌水，以促进肥料分解。

④中耕除草、培土、摘除黄叶　萝卜生长期间必须适时中耕数次，锄松表土，尤其在秋播的萝卜苗较小时，气候炎热雨水多，杂草容易发生，必须勤中耕除草。高畦栽培时，畦边泥土易被雨水冲刷，中耕时，必须同时进行培畦。栽培中型萝卜，可将间苗、除草与中耕三项工作结合进行，以节省劳力。四季萝卜类型因密度大，有草即可拔除，一般不进行中耕。长形露身的品种，因为根颈部细长软弱，常易弯曲倒伏，生长初期宜培土壅根。到生长的中后期必须经常摘除枯黄老叶，以利通风。中耕宜先深后浅，先近后远，至封行后停止中耕，以免伤根。

⑤防止肉质根开裂　肉质根开裂的重要原因是在生长期中土壤水分供应不均。例如秋冬萝卜在生长初期遇到高温干旱而供水不足时，肉质根因皮层的组织已渐硬化，到了生长中后期，温度适宜、水分充足时，肉质根内木质部的薄壁细胞迅速分裂膨大，硬化了的周皮层及韧皮部细胞不能相应生长，因而发生开裂现象。所以栽培萝卜在生长前期遇到天气干旱时要及时灌溉，到中后期肉质根迅速膨大时要均匀供水，才能避免肉质根开裂的损失。

⑥防止肉质根空心　萝卜空心严重影响食用价值。空心与品种、播期、土壤、肥料、水分、采收期及贮藏条件等都有密切的关系，因此在栽培或贮藏时要尽量避免各种不良条件的影响，防止空心现象的发生。

⑦防止肉质根分杈　分杈是肉质根侧根膨大的结果。导致肉质根分杈的因素很多，如土壤耕作层太浅，土质坚硬等。土中的石砾、瓦屑、树根等未除尽，阻碍了肉质根的生长，也会造成分杈。长形的肉质根在不适宜的土壤条件下，一部分根死亡或者弯曲，因此便加速了侧根的肥大生长。施用新鲜厩肥也会影响肉质根的正常生长而导致分杈。此外营养面积过大，侧根没有遇到邻近植株根的阻碍，由于营养物质的大量流入也可以肥大起来成为分杈。相反，在营养面积较小的情况下，营养物质便集中在主根内，分杈现象较少。

⑧防止肉质根辣味　辣味是由于肉质根中芥辣油含量过高所致。其原因往往是气候干旱、炎热、肥料不足、害虫为害严重、肉质根生长不良等。此外，品种间也有很大的差异。

5. 及时采收，分级上市

采收前2~3天浇一次水，以利采收。采收时要用力均匀，防止拔断。收获后挑出外表光滑、条形匀称、无病虫害、无分杈、无斑点、无霉烂、无机械伤的萝卜，去掉大部分叶片，只保留根头部5厘米的茎叶，以利于保鲜。精选后的萝卜要及时清洗，洗净的萝卜放在阴凉处晾干，然后上市销售或送加工厂加工。

应配置专门的整理、分级、包装等采后商品化处理场地及必要的设施，长途运输要有预冷处理设施。有条件的地区建立冷链系统。实行商品化处理、运输、销售全程冷藏保鲜。萝卜产品的采后处理、包装标识、运输销售等应符合中华人民共和国国家标准GB/T 19630—2011有机产品标准要求。有机萝卜商品采收要求及分级标准见表13-1。

表13-1　有机萝卜商品采收要求及分级标准（供参考）

作物种类	商品性状基本要求	特级标准	一级标准	二级标准
萝卜	具有同一品种特征，适于食用；块根新鲜洁净，发育成熟，根形完整良好；无异味，无异常水分	同一品种，形状正常，大小均匀，肉质脆嫩致密，新鲜，皮细且光滑，色泽良好，清洁；无腐烂、裂痕、皱缩、黑心、糠心、病虫害、机械伤及冻害；每批样品不合格率不得超过5%	同一品种，大小均匀，形状较正常，新鲜，色泽良好，皮光滑，清洁；无腐烂、裂痕、皱缩、糠心、冻害、病虫害及机械伤；每批样品不合格率不得超过10%	同一品种或相似品种，大小均匀，清洁，形状尚正常；无腐烂、皱缩、冻害及严重病虫害和机械伤；每批样品不合格率不得超过10%

第二节　春露地栽培

春萝卜是春播春收或春播初夏收获类型萝卜，生长期一般为40～60天，对解决初夏蔬菜淡季供应有一定作用。具有栽培技术简单，生长期短的特点，可提高土地利用率，增加单位土地面积的收益。

1. 品种选择

由于生长期间有低温长日照的发育条件，栽培不当易抽薹，应选择耐寒性强、植株矮小、适应性强、耐抽薹的丰产品种。

2. 播期选择

春萝卜播期安排非常重要，播种太早，地温、气温低，种子萌动后就能感受低温影响而通过春化，容易抽薹开花；播种过晚，气温很快升高，不利于肉质根的发育，或使肉质根出现糠心，产量下降。原则上，播种期以10厘米处地温稳定在6℃以上为宜，在此前提下尽量早播。在长江中下游地区，露地栽培一般在3月中下旬，土壤解冻后即可播种，不迟于4月上旬为宜。采用地膜覆盖，还可提早5～7天播种。

3. 整地施肥

①整地　避免与秋花椰菜、秋甘蓝、秋萝卜等十字花科蔬菜重茬，前作最好为菠菜、芹菜等越冬菜。早深耕、多耕翻、充分冻垡、打碎耙平土地，耕深23厘米以上。农谚有"吹一吹（晒垡），足抵上一次灰"，说明萝卜对整地的要求很高。因此，种植萝卜的田块应在前茬作物收获后及早清洁田园，尽早耕翻晒垡、冻垡，最好在封冻前浇一次水，晒地或冻垡时间越长，土壤就晒得越透，冻得越酥，有利于土壤的风化与消除病虫。播种后苗齐苗壮，抗逆性强，收获早，产量高，质量好，用药少，安全性好。

②施肥　春萝卜生育期短，产量高，需肥多而集中，故应施足基肥，一般每亩施腐熟有机肥3000～4000千克，磷矿粉40千克，钾矿粉20千克（或草木灰50千克），与畦土掺匀，按畦高20～30厘米作畦，畦宽1～2米，沟深40～50厘米。注意施用的有机肥必须经过充分腐熟、发酵，切不可使用新鲜有机肥，否则极有可能出现主根肥害、腐烂现象。基肥宜在播种前7～10天施入，偏施氮肥易徒长，

肉质根味淡。施磷肥可增产，且可提高品质，可在播种前穴施。

4. 及时播种

采用撒播、条播、穴播均可。耙平畦面后按15厘米行距开沟播种，然后覆土将沟填平、踏实。也可撒播，将畦面耙平后，把种子均匀撒在畦面上，然后覆土。目前在春萝卜生产上，主要采用韩国白玉春系列等进口种子，价格较贵，宜穴播，株距20～25厘米，行距30～40厘米，穴深1.5～2.0厘米，每穴3～4粒。播后覆土或用腐熟的渣肥盖籽，稍加踏压，浇一次水，最后加盖地膜。

5. 田间管理

幼苗出土后，及时用小刀或竹签在膜上划一个十字形开口，引苗出膜后立即用细土封口。当第一片真叶展开时进行第一次间苗，每穴留苗3株；长出2～3片真叶时，第二次间苗，每穴留2株；5～6片真叶时定苗1株。对缺苗的地方及时移苗补栽。间苗距离，早熟品种为10厘米，中晚熟品种为13厘米。苗期应多中耕，减少水分蒸发。结合间苗中耕一次。

早春气温不稳定，不宜多浇水，畦面发白时可用小水串沟，切忌频繁补水和大水漫畦，以免降低地温，影响生长。"破肚"后，肉质根开始急剧生长时需浇水，以促进肉质根生长。浇水后适当控水蹲苗，时间为10天左右。肉质根迅速膨大期至收获期间要供应充足的水分，此期间水分不足会造成肉质根糠心、味辣、纤维增多。一般每3～5天浇一次水，保持土壤湿润。无论哪个时期，雨水多时要注意排水。

春萝卜施肥原则是以基肥为主，追肥为辅，追施粪肥，一般在定苗后结合浇水追肥，如每亩施腐熟粪肥500千克左右，切忌浓度过大与靠根部太近，以免烧根。粪肥浓度过大，会使根部硬化，一般应在浇水时对水冲施，粪肥施用过晚，会使肉质根起黑箍，品质变劣，或破裂，或产生苦味。

要防止先期抽薹的现象。萝卜等根菜类在肉质根未充分肥大前，就有"先期抽薹"现象。抽薹取决于品种特性和外界条件的影响。如果在肉质根膨大未达到食用成熟前，遇到低温及长日照满足了其阶段发育所需要的条件，植株就会抽薹开花。在栽培上常因品种选用不当、品种混杂、播期太早以及管理技术水平不当等引起先期抽薹，尤其在露地冬春萝卜或山地萝卜种植时更易出现"先期抽薹"的现象。所以，防止先期抽薹的关键在于使萝卜在营养生长期间避免有阶段发育的低温和长日照条件。例如在不同季节、不同地区选用适宜的品种，适期播种，选用阶段发育严格的品种及耐抽薹的品种等。另外加强栽培管理，肥水促控结

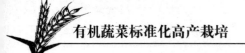

合，也可防止和减少先期抽薹的现象。

6. 及时收获

收获是萝卜春季生产中的一个关键技术环节。当肉质根充分膨大，叶色转淡时，应及时采收，否则易出现空心、抽薹、糠心等现象，失去商品价值。春季萝卜价值越早越高，应适时早收，拔大留小，每采收一次，随即浇水。对于先期抽薹的植株，肉质根尚有商品价值者，应及早收获，否则品质下降，失去商品价值。对于肉质根已经没有商品价值的植株要拔除。

第三节　冬春季栽培

冬春萝卜，又叫越冬萝卜，初冬至早春利用各种保护地设施分期播种，分期上市，供应冬春市场，或满足人们冬春季节对时鲜萝卜的需要，丰富冬春市场蔬菜供应，具有栽培容易、管理省工、成本低等特点，经济效益较高。

1. 播期选择

萝卜的生长温度是6～25℃，在有草苫覆盖的塑料大棚中栽培，可于9月下旬～12月份随时播种，其中9月下旬～10月上旬也可以采用地膜覆盖（白色地膜或黑色地膜）进行播种，但后期需采取塑料薄膜等进行浮面覆盖，防止冻伤。

2. 品种选择

萝卜冬春栽培，正值寒冷的冬季，气温低，日照短，光照弱，后期易通过春化阶段而先期抽薹，影响肉质根的形成和膨大，对产量和品质造成影响。故品种选择很重要，应选用耐寒、耐弱光、冬性强、单根重较小、不易抽薹的早熟品种。

3. 整地播种

选择土壤疏松、肥沃、通透性好的沙壤土。每亩施腐熟有机肥3000～4000千克，磷矿粉40千克，钾矿粉20千克，精细整地。播种前15～20天，把保护设施的塑料薄膜扣好，夜间加盖草苫，尽量提高设施内的温度，使之不低于6℃。

选晴天上午播种，一般用干籽直播，也可浸种后播种，浸种时，可用25℃的水浸泡1～2小时，捞出后，晾干种子表面浮水即可播种。小型品种多用平畦条播或撒播。在畦内按20厘米行距开沟，沟深1.0～1.5厘米，均匀撒籽，覆土平沟后轻轻整压。撒播时，一般是先浇水，待水渗下后撒籽，覆土1.0~1.5厘米。肉质根较大的品种，可起垄种植，垄宽40厘米，上面开沟播种两行。进口种子价格较贵，一般按株行距采用穴播。

4. 田间管理

①温度管理　生长前期正处于最适宜萝卜生长的气候状态，可不必覆盖大棚裙边，11月上中旬后，夜间温度低于10℃左右，应覆盖裙边，密闭大棚适当保温。但白天中午温度较高，宜通风降温。中后期进入冰冻季节，应考虑保温，并在大棚内加入小拱棚防止冻害，夜间可加盖草苫保温，保持室温白天25℃左右，夜间不低于7~8℃。采用地膜覆盖应在后期采取塑料农膜或无纺布等防止初霜造成冻害。

②及时间苗　凡播种密的，间苗次数多些，以早间苗、晚定苗为原则，一般第一片真叶展开时，第一次间苗，至大破肚时选留健壮苗1株。

③合理灌溉　播种时要充分浇水，幼苗期要小水勤浇，以促进根向深处生长，从破白至露肩的叶部生长期，不能浇水过多，要掌握"地不干不浇，地发白才浇"原则，从露肩到圆腚的根部生长盛期，要充分均匀供水，保持土壤湿度70%~80%。根部生长后期应适当浇水，防止空心。雨水多时注意排水，在采收前半个月停止灌水。由于冬季栽培温度低、光照弱、水分蒸发较慢，故较其他季节栽培的浇水量和浇水次数少些。

④分期追肥　施肥原则以基肥为主，追肥为辅，一般中型萝卜追肥3次以上，主要在植株旺盛生长前期施，第一、第二次追肥结合间苗进行，每亩追施腐熟粪肥1000~1500千克，破肚时第三次追肥。大型萝卜生长期长，需分期追肥，追肥应掌握轻、重、轻的原则，追肥是补足氮肥，以粪肥为主，但又切忌浓度过大或靠根部太近，以免烧根，粪肥应在浇水时对水冲施。

⑤中耕除草　萝卜生长期间要中耕除草松表土，中型萝卜可将间苗、除草与中耕三项工作同时进行。高畦栽培的，还要结合中耕进行培土，保持高畦的形状。长形萝卜要培土壅根，以免肉质根变形弯曲。到生长的中后期需经常摘除枯黄老叶。

5. 及时收获

冬春保护地萝卜的收获期不太严格，应根据市场需要和保护地内茬口安排的具体情况确定，一般是在肉质根充分长大时分批收获，留下较小的和未长足的植株继续生长。根据市场需要和价格，10~12月播种的应尽可能在元旦或春节期间

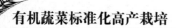

集中收获，以获得较好的经济效益。每收获一次，应浇水一次。

第四节　夏秋季露地栽培

夏秋萝卜一般从4月下旬至7月下旬分期播种，在6月中旬至10月上旬收获，可增加夏季蔬菜花色品种，丰富8～9月蔬菜供应。夏秋萝卜整个生长期内，尤其是发芽期和幼苗期正处炎热的夏季，不论是高温多雨或高温干旱的气候，均不利于萝卜的生长，且易发生病毒病等病害，致使产量低而不稳。栽培难度大，应采取适当措施才能获得成功。

1. 品种选择

选用耐热性好、抗病、生长期较短、品质优良的早熟品种。

2. 整地施肥

前茬多为洋葱、大蒜、早菜豆、早毛豆及春马铃薯等，选择富含腐熟有机质、土层深厚、排灌便利的沙壤土，其前作以施肥多、耗肥少、土壤中遗留大量肥料的茬口为好。做到深耕整地、多犁多耙、晒白晒透。早熟萝卜生长期短，对养分要求较高，必须结合整地施足基肥，基肥施用量应占总施肥量的70%，一般每亩施充分腐熟的农家肥4000～5000千克，磷矿粉40千克，钾矿粉20千克。整地前将所有肥料均匀撒施于土壤表面，然后再翻耕，翻耕深度应在25厘米以上，将地整平耙细后作畦，作高畦，一般畦宽80厘米，畦沟深20厘米。

3. 播种

在雨后土壤墒情适宜时播种。如果天旱无雨，土壤干旱，应先浇水，待2～3天后播种。在高畦或高垄上开沟，用干籽条播或穴播。播种密度因品种而异，小型萝卜可撒播，间苗后保持6～12厘米的株距；中型品种穴播，穴距25厘米，行距30～35厘米，每穴2～3粒；条播，条距30～35厘米，间距15～20厘米，播种1～2粒。

播种后若天气干旱，应小水勤浇，保持地面湿润，降低地温。若遇大雨，应及时排水防涝。如果畦垄被冲刷，雨后应及时补种。播后用稻草或遮阳网覆盖畦面，以起到防晒降暑、防暴雨冲刷、减少肥水流失等作用。齐苗后及时揭除稻草和遮阳网，以免压苗或造成幼苗细弱。幼苗期必须早间苗、晚定苗。幼苗出土后生长迅速，一般在幼苗长出1~2片叶时间苗一次，在长出3~4片叶时再间苗一次。定苗时间一般在幼苗长至5~6片叶时进行。

有条件的可采用防虫网覆盖栽培，防虫网应全期覆盖，在大棚蔬菜采收净园后，将棚膜卷起，棚架覆盖防虫网，生产上一般选用24~30目的银灰色防虫网。如无防虫网，也可用细眼纱网代替。安装防虫网时，先将底边用砖块、泥土等压实，再用压网线压住棚顶，防止刮风卷网。在萝卜整个生育期，要保证防虫网全程覆盖，不给害虫入侵机会。

4. 田间管理

萝卜需水量较多，但水分过多，萝卜表皮粗糙，还易引起裂根和腐烂，苗期缺少水分，易发生病毒病。肥水不足时，萝卜肉质根小且木质化程度高，苦辣味浓，易糠心。一般播种后浇足水，大部分种子出苗后再浇一次水。叶子生长盛期要适量浇水。营养生长后期要适当控水。肉质根生长期，肥水供应要充足，可根据天气和土壤条件灵活浇水。注意大雨后及时排水防涝，避免地表长时间积水，产生裂根或烂根。高温干旱季节要坚持傍晚浇水，切忌中午浇水，收获前7天停止浇水。

缺硼会使肉质根变黑、糠心。肉质根膨大期要适当增施钾肥，出苗后至定苗前酌情追施护苗肥，幼苗长出2片真叶时追施少量肥料，第二次间苗后结合中耕除草追肥一次。在萝卜露白至露肩期间进行第二次追肥，以后看苗追肥。追肥不宜靠近肉质根，以免烧根。中耕除草可结合浇水施肥进行，中耕宜先深后浅、先近后远，封行后停止中耕。

5. 及时采收

夏秋萝卜应在产品具有商品价值时适时早收，可提高经济效益，并减少因高温、干旱造成糠心而影响品质的现象发生。

第五节　有机萝卜病虫害综合防治

1. 农业防治

合理间作、套种、轮作。选用抗病品种，秋冬收获时，要严格挑选无病种株以减少来年的毒源，减少种子带毒。秋播适时晚播，使苗期躲过高温、干旱的季

节，待不易发病的冷凉季节播种，可减轻病毒病等病害的发生。加强田间管理，精细耕作，消灭杂草，减少传染源。施用充分腐熟的有机肥，加强水分管理，避免干旱现象。及时拔除病苗、弱苗。

2. 物理防治

利用黑光灯、糖醋液、性诱剂诱杀害虫。用银灰色膜避蚜，也可以用黄板黏杀蚜虫。利用防虫网栽培避蚜防病毒，夏季闲棚高温进行土壤消毒等。

3. 生物防治

萝卜霜霉病、萝卜黑斑病、萝卜白斑病、萝卜白锈病及萝卜炭疽病等病害，药剂防治可选用77%氢氧化铜可湿性粉剂600～800倍液喷雾，可用50%春雷·氧氯铜可湿性粉剂800倍液，或用5%菌毒清水剂200～300倍液喷雾，或用石硫合剂、波尔多液等喷雾。萝卜黑腐病、萝卜软腐病等，可用72%硫酸链霉素可溶性粉剂3000～4000倍液喷雾，或2%嘧啶核苷类抗生素水剂150～200倍液灌根防治。

蚜虫可用2.5%鱼藤酮乳油400～500倍液喷雾，菜青虫可用100亿活芽孢/克苏云金杆菌可湿性粉剂800～1000倍液喷雾。蚜虫和菜青虫均可用1%苦参碱水剂600～700倍液喷雾防治。

第十四章　有机大葱栽培技术

第一节　有机大葱栽培

1. 栽培季节

南方可秋播也可春播，但以春播为主，春播当年冬季即可收获，但产量较低。一般秋播于8月下旬至9月下旬播种，冬前幼苗严格控制不超过3叶，春播宜早不宜迟，一般在2月下旬至3月下旬。

2. 育苗

①床土准备　选地势平坦、排灌方便、土质肥沃的生茬地作育苗地。每亩撒施腐熟有机肥4000~5000千克。深翻坑土，耙细整平，畦宽1~1.3米。

②播种　秋播宜选用当年的新种子。一般干播，也可将种子放入清水中搅拌10分钟，捞出秕籽和杂质，再在60~65℃的温水中不断搅拌，浸泡20~30分钟后播种。将畦面搂平，打透底水后均匀撒播种子，67米^{2}播种150~300克，播后覆土0.5~1.0厘米。

③苗期管理　秋播育苗，播后再盖草或遮阳网保墒。管理上以控为主。播后2~3天若床土干裂，用耙轻搂一遍，保持上干下湿。齐苗后到苗高5厘米时，视土壤墒情，浇小水2~3次，保持土壤湿润。越冬前控制肥水防徒长。土地封冻前结合追肥浇一次防冻水，并撒施草木灰、厩肥防寒。越冬后，幼苗开始返青生长，要及时把覆盖的马粪或农家肥搂出畦外，并适当整修，轻松表土一遍。幼苗返青后及时拔除杂草。苗高5~10厘米和15~20厘米时各间苗一次，结合松土除草，并浇水一次。幼苗生长盛期，亩施腐熟粪尿肥2000千克，定植前注意控水蹲苗。秋播幼苗可在当年作小葱上市。

春播育苗，播后要盖地膜保温保湿。管理上以促为主。尽量满足肥水，保持畦面见干见湿，及时间苗。一般春季间苗2次，第一次在返青后进行，撒播的保持苗距2~3厘米，第二次在苗高18~20厘米时，保持苗距6~7厘米，条播的适当缩小苗距，结合间苗和中耕，随时拔除杂草。幼苗生长期应少浇水，随着气温回升和葱苗生长，增加浇水次数和浇水量，定植前5～8天控水蹲苗。炎夏来临前幼苗也可作小葱上市。

3. 定植

①定植时期　无论秋播或春播，定植适期均为6月中下旬至7月上旬，苗高35～40厘米，茎粗1～1.5厘米。不宜过早过晚。

②整地施肥　选地势高燥、土质肥沃、排灌方便的非葱蒜类地块，前茬多以茄果类、瓜类、白菜类、豆类等蔬菜或马铃薯、小麦等经济作物为好，最好实行5年以上轮作，深翻30～50厘米，每亩撒施腐熟有机肥2500～5000千克，磷矿粉40千克，钾矿粉20千克，与土混匀耙细。按行距80厘米开沟，沟的深度和宽度均为30～35厘米，垄背拍光踏实。

③定植　定植前2～3天将苗床浇一次水，边起苗边分级边定植。采用插葱法，即先在沟中浇水，水下渗后立即插葱，或将葱种插植于沟内，边插边将葱株两边的松土踏实，随后灌透水，插植时以不埋没葱心为宜，株距5～6厘米，亩栽2～3万株。还可加大密度，价格好时，在国庆节前后作青葱上市。

4. 田间管理

①肥水管理　大葱栽后不浇水，雨后及时排水，降雨或灌水后及时中耕。缓苗后开始肥水管理，由小水少浇到大水多浇，即在缓苗后浇小水，叶片和葱白迅速生长期浇大水。8月上旬，每亩施腐熟有机肥2000千克，撒于垄背上，浅锄一次，把有机肥锄入沟中，接着浇一次水促进生长。8月下旬，每亩施入腐熟有机肥1500～2000千克。9月上旬后，应结合浇水追施腐熟有机肥2次，方法同前。9月下旬前后，每隔7天左右浇一次透水，保持土壤湿润。

②培土　追肥后及时培土，一般在大葱栽植30～35天开始，15天左右一次，第一、第二次培土应浅，第三、第四次培土宜厚，培土宜在上午露水干后，或下午土壤凉爽时进行，以不埋心叶为度。

5. 及时采收，分级上市

大葱的收获期在土壤上冻前15～20天，秋播大葱一般在9月至10月收获鲜葱后供应市场。春播大葱，一般在10月上旬收获供应鲜葱，在10月中旬至11月上旬收获进行干贮越冬，一般当叶肉变薄干垂、管状叶内水分较少时收获贮藏冬葱，过晚会使假茎失水，产量降低，并易受冻害。大葱收获后，应及时进行农产品处理和包装。

应配置专门的整理、分级、包装等采后商品化处理场地及必要的设施，长途运输要有预冷处理设施。有条件的地区建立冷链系统，实行商品化处理、运输、销售全程冷藏保鲜。有机大葱产品的采后处理、包装标识、运输销售等应符合中华人民共和国国家标准GB/T 19630—2011有机产品标准要求。有机大葱商品采收要求及分级标准见表14-1。

表14-1　有机大葱商品采收要求及分级标准

作物种类	商品性状基本要求	大小规格	特级标准	一级标准	二级标准
大葱	品种或相似品种；较清洁；基本完好；葱白无严重的松软和汁液外溢；去除老叶和黄叶；无腐烂、变质、异味；无病虫害导致的严重病斑和外皮开裂等损伤；无冷冻、高温、机械导致的严重损伤	葱白长度（厘米）长：>50 中：30~50 短：<30　同一包装中的允许误差（%）长：≤15 中：≤10 短：≤5	具有该品种特有的外形和色泽。清洁，整齐，直立，葱白肥厚，松紧适度，质嫩，纤维少，葱白无破裂、空心、汁液外溢和明显失水，无冷冻、病虫害原因引起的病斑及机械等损伤	具有该品种特有的外形和色泽。清洁，整齐，较直立，葱白较肥厚，质嫩，纤维少，葱白基本无破裂、弯曲、汁液外溢，无冷冻、病虫害原因引起的病斑及机械等损伤	清洁，较整齐，允许少量葱白松软、破裂、弯曲和葱白汁液少量外溢，无冷冻、病虫害等原因引起的病斑，允许轻微机械伤

注：摘自《大葱等级规格》（NY/T 1835—2010）。

第二节　有机大葱主要病虫害综合防治

大葱常见病害主要有紫斑病、锈病、菌核病、黄矮病、霜霉病、灰霉病、软腐病、黑斑病等。常见的虫害主要有葱蛆、葱蓟马、斑潜蝇、斜纹夜蛾、甜菜夜蛾等。

1. 防治原则

按照"预防为主，综合防治"的植保方针，以生态（农业）防治、物理防治、生物防治为主，化学防治为辅。化学防治要选用高效、低毒、低残留农药，杜绝使用剧毒、高残留农药，严格按安全间隔期用药。

2. 农业防治

选用前茬未种植过葱蒜类蔬菜、土壤肥沃的沙壤土种植大葱；施足基肥，适时追肥，增强植株抗病能力；雨季注意排水，发病后控制灌水，以防病情加重；及早防治虫害；前茬蔬菜收获后，及时、彻底清除田间的病残体，集中深埋或烧毁；选用抗病品种。种子消毒可用50℃温水浸25分钟，然后用冷水冷却后晾干播种，适时播种或定植，密度不要过密。

3. 生物防治

当病虫害达到防治指标时，应首先选用生物农药杀虫；抗生素类杀菌，主要有嘧啶核苷类抗生素、硫酸链霉素、木霉素等；细菌类杀虫剂，主要是苏云金杆菌生物农药；以及植物源杀虫剂，如苦参碱等。

4. 物理防治

常用的方法主要有覆盖隔离、诱杀、热处理等。

①覆盖隔离　利用防虫网（30目以上）覆盖，隔离害虫。

②诱杀　利用光、色、味引诱害虫，进行抓捕和诱杀。如灯光诱杀、色板诱杀、气味诱杀、色膜驱避等。

灯光诱杀：利用昆虫对（365±50）纳米波长紫外线具有较强的趋光特性，引诱害虫扑向灯的光源，光源外配置高压击杀网，杀死害虫，达到杀灭害虫的目的。

色板诱杀：利用害虫对颜色的趋性进行诱杀。在高于蔬菜生长点的适当位置，每（30~50）米^{2}放置规格为20厘米×20厘米的色板1块，板上涂抹机油等黏液，黄板诱杀黄色趋性的害虫如蚜虫、粉虱、斑潜蝇等，蓝板诱杀蓝色趋性的蓟马等害虫。

气味诱杀：利用害虫喜欢的气味来引诱，并捕杀。

性激素诱杀：性诱剂对小菜蛾、斜纹夜蛾等雄蛾具有很好的诱杀效果，每亩投放性诱剂6~8粒。

糖醋液诱杀：糖醋液诱杀葱蛆成虫，糖醋液（糖：醋：水为1：2：2.5）加少量敌百虫拌匀，倒入放有锯末的容器中置于田间，每亩地放3~4盆；糖醋酒液诱杀甜菜夜蛾成虫，将糖醋酒液（糖：醋：酒：水：敌百虫为3：3：1：10：0.5）装入直径20~30厘米的盆中放到田间，每亩地放3~4盆。

色膜驱避：蚜虫对银灰色具有负趋性，在蔬菜棚室内张挂银灰色的薄膜条或在地面覆盖银灰色的地膜等，有利于驱避蚜虫。

③热处理　利用高温杀死害虫。如高温闷棚、种子干热处理等。

第十五章　有机洋葱栽培技术

第一节　秋露地栽培

1. 播种育苗

洋葱的播种时期，因气候、品种不同而有差异，一般秋播并以幼苗越冬。播种过早，苗期长，幼苗生长过大，越冬后易出现未熟抽薹现象。播种过迟，苗期短，幼苗过小，影响越冬后的缓苗及最终产量。适宜的播期是：长江流域9月10～25日，自北京以南，秋播的时期，越往南越迟。

播前需要选择土质肥沃、疏松、保水性强、2～3年未种过葱蒜类蔬菜的地块。每亩需苗床面积40米^2，播种前15天左右，苗床施用腐熟有机肥5～7千克，并配以育苗专用肥1～2千克。施肥后耕翻耙平，做成1.2～1.5米宽的阳畦，四周挖好排水沟。

葱蒜类种子寿命短，必须采用前一年或当年收的新鲜种子。一般采用干籽直播。畦面搂平后，踩实、灌足底墒水，水渗后，将种子均匀撒在畦面上，在100厘米^{2}苗床有种子60粒左右。播种后，小心盖土，并在上面盖一层稻草或麦秆，或支架覆膜，覆盖遮阳网。并随时浇水以保持土壤湿润。8～10天，幼苗可以出土，当大部分的幼苗出土后，可以揭除覆盖物或遮阳网。当幼苗出齐后，间拔一部分密苗及劣苗。应通过控制施肥、灌水的农艺措施，控制幼苗大小，避免幼苗过大绿体春化导致未熟抽薹。原则上入冬前应尽量少施肥水。在苗高5厘米左右时进行间苗，整个生育期及时除草。

2. 整地施肥

洋葱忌重茬，不宜与其他葱蒜类蔬菜连作，最好选择施肥较多的茄果类、瓜类、豆类蔬菜前茬。前茬收获后，及时耕翻土地，施入基肥，并整地作畦。每亩施腐熟土杂肥3000～4000千克（或精制有机肥500～1000千克，或腐熟大豆饼肥150千克，或腐熟花生饼肥150千克），另加磷矿粉40千克及钾矿粉20千克。切忌施用未腐熟的肥料,以免发生地蛆。施肥后耙平整细,使土肥充分混合。北方作平畦,南方作高畦,畦宽1.2～1.5米。浇足底水。

3. 合理密植

秋栽一般在秋播洋葱苗龄45～60天时进行,即掌握在气温不致过低,但又不高于10℃时移栽。此时根系比叶生长快,有利于幼苗在冬前缓苗,使根系恢复生长。在长江流域,洋葱一般在11月下旬至12月上旬定植。如果栽植期迟于冬至(12月22日左右)易被冻死。在冬前定植缺苗率高的地区,采用冬前囤苗、春季定植的办法。即头一年在严寒来临前囤苗到翌春土壤解冻后及时定植,这样可争取较长的生育期,在鳞茎膨大前长出较多的功能叶片,有利于获得高产。

在定植前要进行选苗、分级,淘汰病苗、矮化苗、徒长苗、过大苗,选取假茎粗在0.6～0.8厘米、3叶1心、株高为18～20厘米的适中壮苗。为确保移栽质量,起苗时要少伤根,多带土。起苗后立即定植,尽量做到不使根系干燥。移栽时要做到栽直、栽稳、栽浅。栽后及时镇压、保墒。这样定植后,缓苗快,发苗早,有利于洋葱的高产。

洋葱植株直立,合理密植能显著增产。一般的栽植密度是:考虑到品种的熟性早晚、生育期长短、地力强弱和肥水条件等,定植株行距早熟品种以15厘米×15厘米为宜,中早熟品种15厘米×17厘米,中熟品种(16～18)厘米×(17～18)厘米,晚熟品种(17～18)厘米×18厘米。栽植深度为1.5～2.0厘米。定植2～3厘米深,栽得过深,鳞茎全部生长在土中,容易产生畸形;栽得过浅,鳞茎膨大后,露出土面过多,可能引起开裂,影响农产品品质。

4. 田间管理

①冬前至返青期管理 定植后浇一次缓苗水,并及时中耕2～3次,以促进根系恢复生长,快缓苗,早发苗。在土壤封冻之前,浇一次封冻水,最好在晴天中午进行。为保墒保湿,可在浇封冻水3～5天后,在畦面上铺盖一层细碎的土杂肥或一层薄草。翌年开春解冻后及时揭草,以利于中耕追肥。葱苗返青后,土温稳定在10℃左右时,若土壤墒情差,可浇一次返青水,促进返青。为提高地温,促进生长,要加强中耕松土。中耕要细、匀。

②旺盛生长期管理 翌年2月底至3月初,葱苗返青时,及时追施提苗肥,即结合浇水每亩施腐熟畜粪尿水1500千克左右。3月底至4月初,进入发叶盛期以

前，要控制浇水和追肥，防止茎叶生长过旺，促进根群发育，为鳞茎的膨大打下基础。进入发叶盛期，应适当增加肥水量，追肥结合浇水进行。在鳞茎膨大前15天左右，深中耕一次，不浇水施肥，进行蹲苗，以减少洋葱对营养成分的吸收，降低洋葱叶身的含氮物质，从而促进鳞茎的形成。

③鳞茎膨大期管理 4月中旬至6月上旬，进入鳞茎膨大期后，植株对水分和养分的需求量大增。此期应增加浇水次数，保持土壤湿润。浇水最好在早晨进行。鳞茎开始膨大是追肥的关键时期，在鳞茎膨大前10天浇一次跑马水，结合浇水每亩追施腐熟的沼渣、沼液或经过发酵的畜粪肥1000~1200千克。然后适当控苗，促进鳞茎膨大，保持土壤湿润，当鳞茎直径达3厘米时，视长势再追施畜粪肥一次。以后保持土壤湿润，遇干旱勤浇水，遇雨水及时排除积水。早期发现抽薹植株，应及时摘除花薹，促使侧芽萌动长成新株形成鳞茎。鳞茎临近成熟期，叶部与根系的生理机能减退，应逐步减少灌水。

④后期管理 在收获前7~15天，要停止浇水，使鳞茎组织充实，加速成熟，防止鳞茎开裂，以提高产品品质和耐贮性。

5. 及时采收，分级上市

长江流域5月中下旬开始采收葱头。采收过早，鳞茎尚未完全成熟，含水量较高，产量低，不耐贮藏；采收过迟，叶部全部枯死，采收后正是梅雨季节，容易腐烂。一般当洋葱叶子变黄，假茎变软并开始倒伏，鳞茎不再膨大时，进入休眠阶段，鳞茎外层鳞片变干时应及时收获。收获选晴天进行。葱头挖出后，在田间晾晒3~4天，促其后熟。晾晒时要避免直接暴晒，以免鳞茎灼伤。当叶子晒至7~8成干时，及时选好葱头，去掉伤、劣葱头，按葱头大小分别扎成把，然后置于阴凉干燥处挂藏或垛藏。注意防潮防鼠害。

应配置专门的整理、分级、包装等采后商品化处理场地及必要的设施，长途运输要有预冷处理设施。有条件的地区建立冷链系统，实行商品化处理、运输、销售全程冷藏保鲜。有机洋葱产品的采后处理、包装标识、运输销售等应符合中华人民共和国国家标准GB/T 19630—2011有机产品标准要求。有机洋葱商品采收要求及分级标准见表15-1。

表15-1　有机洋葱商品采收要求及分级标准

作物种类	商品性状基本要求	大小规格	特级标准	一级标准	二级标准
洋葱	同一品种或相似品种；基本完好；最外面两层鳞片完全干燥，表皮基本保持清洁；无鳞芽萌发；无腐败、变质、异味；无严重损伤；无冻害	横径（厘米） 大：>8 中：6～8 小：<4～6 同一包装中的允许误差 大：≤2 中：≤1.5 小：≤1.0	鳞茎外形和颜色完好，大小均匀，饱满硬实；外层鳞片光滑无裂皮，无损伤；根和假茎切除干净、整齐	鳞茎外形和颜色有轻微的缺陷，大小较均匀，较为饱满硬实；外层鳞片干裂面积最多不超过鳞茎表面的1/5，基本无损伤；有少许根须，假茎切除基本整齐	鳞茎外形和颜色有缺陷，大小较均匀，不够饱满硬实；外层鳞片干裂面积最多不超过鳞茎表面的1/3，允许小的愈合的裂缝、轻微的已愈合的外伤；有少许根须，假茎切除不够整齐

注：摘自《洋葱等级规格》（NY/T 1584—2008）。

第二节　有机洋葱病虫害综合防治

可参见有机大葱病虫害综合防治。

第十六章　有机韭菜栽培技术

第一节　有机韭菜栽培

1. 品种选择

选择耐寒耐热、分蘖力强、叶鞘粗壮、质地柔嫩的品种。一般选用宽叶韭菜类型，有机栽培的也有选用细叶类型的，风味更加浓郁。

2. 播种育苗

①苗床准备　选择土质肥沃、排灌条件好的沙质壤土，忌与葱蒜类蔬菜连作。前茬作物收获后，清洁田园，冻垡晒垡，精细整地，耙平作畦。北方宜作平畦，南方可筑高畦，畦宽1.5～1.8米，包沟。每10米^{2}可施腐熟有机肥80千克左右。

②种子处理　播种前将种子暴晒2～3天，每天翻3～4次。春季气温低时用干籽播种。塑料薄膜小拱棚或初夏播种，采用浸种催芽，浸种时先用40℃温水浸泡，不断搅拌至水温下降到30℃后，再浸泡24小时，去除杂质和瘪粒，搓净表面黏液，冲洗干净，晾干后用湿布包好，置于15～20℃温度下催芽，每天用清水冲洗1～2次，3～4天后可播种。

③播种　春播可从3月上旬～5月上旬开始，最适3月下旬～4月上旬，6月中旬～7月上旬定植。翌年春季定植，应在6月中下旬播种。每10米^{2}播种75克左右。采用条播或撒播，播前浇足底水，底水下渗后，薄撒一层细土，再播种。播后及时覆细土1厘米厚，刮平后轻轻压实。种子将出土时再覆细土0.5厘米厚，畦面加盖薄膜或草苫，浇泼50%的腐熟畜粪尿水，10～20天种子发芽时撤去覆盖物，可使出苗时间缩短7～10天。春季雨水多，最好在苗床上搭防雨棚，发现畦土过干，要连续浇水，促使幼芽出土。

④苗期管理　保持土壤湿润，一般在真叶生出前不浇水。苗高8厘米左右及时浇水，以后每隔5～6天浇水一次。苗高10厘米左右时结合浇水每亩追施腐熟稀粪2～3次。苗高15～18厘米时，适当控制肥水，蹲苗。根据墒情每7～10天浇一次水。

3. 及时定植

实行2~3年轮作，一般选前茬非百合科作物的地块，且以保水、保肥能力强，排水良好的沙壤土、壤土或轻黏壤土为宜。前茬作物收获后，要及时清洁田园，并将植株病残体集中销毁。于大田定植前深翻土壤，以深15~20厘米为宜，充分暴晒、风化，以减少病菌、消灭杂草。

整地的同时施入基肥，每亩施入腐熟农家肥3000~4000千克，或腐熟大豆饼肥150千克，或腐熟花生饼肥150千克，另加磷矿粉40千克及钾矿粉20千克。掺匀细耙，整平作畦。

一般苗龄75天左右，秧苗6~8片真叶，即可定植。定植前1~2天对苗畦浇一次水，定植时将苗掘起，剪去叶片，留叶鞘以上3~5厘米，剪短过长的根须，留6厘米长，选择根茎粗壮、叶鞘粗的壮苗移栽。采用单株宽窄行密植，宽行13~14厘米，窄行5~7厘米，株距4厘米；或小丛密植，每丛6~8株，宽行14~17厘米，窄行8~10厘米，丛距10~12厘米。栽植时开沟条植，沟深10~15厘米。定植时深栽浅埋，以叶鞘与叶片交接处同地面平齐为度，覆土6~7厘米，覆土后仍留3~4厘米的定植沟或定植穴。栽后及时浇水。

4. 田间管理

①定植当年的管理　以养根为主。定植后10余天，及时中耕松土，不干不浇水，降雨后或灌水后浅锄。立秋前一般不追肥水、不收割。8月中旬以后，亩追施腐熟饼肥100~200千克，均匀撒在韭行间，浅锄，使肥土混匀，踩实；也可在行间开沟撒施肥料，然后盖土，施肥后浇一次大水，以后每隔5~7天浇一次水。9月中下旬结合中耕追施腐熟粪肥500~800千克。10月上旬减少浇水次数，保持土表见干见湿，下旬开始停水停肥，入冬前应在土壤夜间封冻中午融化时结合浇防冻水，亩施1000~2000千克的腐熟畜粪尿水或沼液。

定植缓苗后注意中耕除草，及时清除土地上部枯叶，定植当年，一般培土2~3次，第一次在叶鞘长10厘米左右进行，培土高度不超过叶片与叶鞘相连叉口，第二次在叶鞘叉口高出地面7~10厘米时进行，以后叉口高出地面7~10厘米时再培土，直至定植沟整平。一般培土与重施追肥相结合。

②第二年以后的管理　春季管理：春季返青前及时清除畦面上枯叶，然后在行间深松土，韭菜萌发后，每亩追一次稀淡畜粪尿水500~1000千克，3~4天后

中耕松土一次。一般不浇水，土壤墒情好的可以在收第一刀后浇水，以后维持土表见干见湿。每次浇水后，要中耕松土。每次收割后3～4天每亩追施腐熟畜粪尿水1500～2000千克，随水施入或沟施，切忌收割后立即追肥、浇水，以免通过新鲜伤口造成肥害或病害。韭菜收割后把草木灰均匀地撒在上面。春季是韭蛆发生的一个高峰期，需要特别注意防治。

3年以上的植株每年都要增土，在早春土壤解冻、新芽萌发前，选晴天的中午，把土均匀撒在畦面。此外，在早春韭菜萌发前，应进行剔根，将根际土壤挖掘深、宽各6厘米左右，将每丛中株间土壤剔出，深达根部为止，露出根茎，剔除枯死根蘖和细弱分蘖。春季低温阴雨，宜采用盖棚栽培，并注意通风排湿和清沟排水。

夏季管理：夏季一般不收割，高温多雨应及时排涝。大暑后陆续抽生花薹，在抽薹后花薹老化前，摘除所有花薹，此时应连续打薹，从叶鞘上部同叶的连接处把嫩薹掰断。适量追施稀粪水。高温季节应采用遮阳网覆盖。

秋冬管理：增加肥水供应，减少收割次数，及时防治韭蛆。处暑以后，维持地面不干，一般7～10天浇一次水，每亩随水追施稀畜粪尿500～800千克，寒露以后控制浇水，维持地表见干见湿，停止追肥。从处暑到秋分，收割1～2刀，及时施肥浇水，秋分后停止收割。封冻前应适时灌防冻水。冬季严寒，应采用薄膜覆盖，施用草木灰等，保护叶片不受冻。

5. 软化栽培

韭菜软化栽培是通过各种覆盖物，包括草棚、培土及盖瓦筒等使新生的叶子在不见阳光下生长而不形成叶绿素的栽培方式，因而新生出来的叶鞘及叶片均为白色或淡黄色。韭菜等软化后，叶肉组织中的纤维化程度亦大为减弱，叶身中的维管束的木质部较不发达，细胞壁的木质化程度减弱。韭菜经软化后的叶子组织柔嫩，增进了食用价值。生产上，软化后韭菜又可分为韭白、韭芽和韭黄。所谓韭白就是只软化韭菜的假茎，所以叶鞘部分变为白色，叶片部分为绿色。韭芽是指在冬季生产中，用泥土等覆盖，在早春收割长仅20厘米左右的小韭菜。而韭黄则是人为制造黑暗环境条件，让植株在弱光下生长而得到的韭菜。

培土软化是长江流域最普遍的一种方法。各地具体做法大同小异，均在秋、冬季或春季每隔20余天进行一次培土，共3～4次。夏季温度高，培土以后，容易引起腐烂。

瓦筒软化是一种特别的圆筒形瓦筒，罩在韭菜上，利用瓦筒遮光。瓦筒高20～25厘米，上端有一瓦盖或小孔（孔上盖瓦片），这样既不见光又通风，夏季经过7～8天后，可以收割；冬季经过10～12天也可以收割。一年可以收割4～5次。

草片覆盖通过培土软化获得韭白后割去青韭，然后搭架40～50厘米，用草片进行覆盖。最适宜的时间是在生长最旺盛的春季（3～4月）及秋季（10～11月）。夏季盖棚容易造成温度高、湿度大，若通风不良，容易引起烂叶。

黑色塑料拱棚覆盖特别适于低温期的软化，而在气温高时则易导致棚内温度过高，但可通过加盖遮阳网来降低棚内温度。

6. 及时采收，分级上市

①青韭采收标准 一般每年收割4～6次，当年不收割。收割以春韭为主，收割时间，要按当地市场行情和韭菜生长情况而定，一般植株长出第7片心叶，株高30厘米以上，叶片肥厚宽大可采收。市场价格好时可提早到5叶时收割，春季每隔20～30天采收一次，共采收1～3次，炎夏一般只收韭菜花。秋季每隔30～40天采收一次，共采收1～2次。收割时留茬高度鳞茎上3～4厘米、在叶鞘处下刀为宜，每刀留茬应较上刀高出1厘米左右。收割后及时用耙子把残叶杂物清除，楼平畦面，可以往根茬上撒些草木灰，不但能防治根蛆，避免苍蝇产卵，还能起到追肥作用。

有机青韭商品采收要求及分级标准见表16-1、16-2。

表16-1 有机青韭商品采收要求及分级标准（供参考）

作物种类	商品性状基本要求	大小规格	限　度
青韭	同一品种，整齐度≥90%，枯梢<2毫米，符合整修要求，成熟适度，色泽正、新鲜，叶面清洁，无异味，无冻害，无病虫害，无机械伤，无腐烂，无抽薹	长度（厘米） 长：株长>30 中：株长20～30 短：株长<20	每批样品中不符合品质要求的样品按质量计，总不合格率不应超过5%，其中枯梢率不得超过0.5%

②韭黄采收标准 韭黄收割适期的标准是以叶尖变圆，韭黄长度为25～30厘米、色泽金黄鲜嫩且未倒伏时为适宜采收标准。割口以齐鳞茎上端为宜。

③韭薹采收标准 韭薹采收的标准是韭薹长25～50厘米，以花苞紧实未鼓时于清晨露水干后或傍晚采收为宜。收获的韭薹应鲜嫩、青绿、粗壮、匀条、无病斑、无浸水及腐烂现象。

④韭菜花采收标准 韭菜花采收标准是韭菜花序中50%的花已开过，发育成嫩果，以50%左右的花正在开花时采摘为宜。采收应在每天的露水干后进行，

用充分消毒的剪刀将韭菜花从花底部留2～3厘米剪下，放入清洁的袋子或筐中待分级、采收韭菜花时应大小花一并采收，但要分级采收，切勿把弱、小花留在田间，白耗植株养分，对生长不利。当天采收，当天交售，采后的韭菜花应及时鲜销或送加工厂统一贮存。有机韭菜花分级标准参见表2。

应配置专门的整理、分级、包装等采后商品化处理场地及必要的设施，长途运输要有预冷处理设施。有条件的地区建立冷链系统，实行商品化处理、运输、销售全程冷藏保鲜。有机韭菜产品的采后处理、包装标识、运输销售等应符合中华人民共和国国家标准GB/T 19630—2011有机产品标准要求。

表16-2　有机韭菜花分级标准（供参考）

作物种类	一级	二级	三级
韭菜花	半籽半花，无老花、死花、烂花，不腐烂，不变质	籽多花较少，无死花、烂花，不腐烂，不变质	全籽无花，不腐烂，不变质

第二节　有机韭菜病虫害防治

1. 农业防治

及时摘去并清除病叶、病株，携出田外集中处理，防止病菌蔓延。加强管理，注意透光通风，增强韭菜抗病性。

科学施肥，选择有机质含量高、土壤肥沃、通透性好的地块。按照有机韭菜的生产要求，严禁直接施入人粪尿，要施用充分腐熟的有机肥，注重施用秸秆肥、腐殖酸有机肥。减少肥料臭味，增加土壤的透气性，可有效降低种蝇产卵和蛆虫活动。

硅营养法防韭蛆。硅元素可使作物表皮细胞硅质化，细胞壁加厚，角质层变硬，促进作物茎秆内的通气性增强。茎秆挺直，减少遮荫，增强光合作用，不便于蛆虫为害。同时使卵和蛆虫表皮钙质化，使卵难以破壳孵化，蛆虫活动力弱化，不便于蛆虫的生长发育。主要选择稻壳、麦壳、豆壳（硅氧化物含量达14.2%～61.4%），其中稻壳中的碳素物中含硅高达91%左右，亩施稻壳300～500千克，麦壳或豆壳600～1000千克，施入这类壳物质可有效避免蛆虫为害。也可每亩施入赛众28硅肥25～50千克（含钾20%、硅42%）。

扒去表层土，露出韭葫芦，晾晒5～7天，可杀死部分根蛆。合理浇水，雨季及时排涝，减轻疫病。播种前、定植用70％的沼液浇灌，水面在地面3～4厘米上，可较好防治韭蛆和其他地下害虫。生长期用50％～60％的沼液浇灌，水面在地面3～4厘米上，可较好控制韭蛆为害。

2. 生物防治

糖醋液诱杀。按酒：水：糖：醋为1：2：3：4比例配制糖醋液，按20米²悬挂一块黏虫板，诱杀韭蛆成虫。

在隔离带和田间种植蓖麻等驱虫植物。防治韭蛆地下害虫，可用0.3％苦参碱水剂400倍液灌根或先开沟然后浇药覆土，或于韭蛆发生初盛期施药，每亩用1.1％苦参碱粉剂2～2.5千克，加水300～400千克灌根。灌根方法为：扒开韭菜根茎附近的表土，去掉常用喷雾器的喷头，打气，对准韭菜根部喷药，喷后立即覆土；在迟眼蕈蚊成虫或葱地种蝇成虫发生初期，而田间未见被害株时，每亩用1.1％复方苦参碱粉剂4千克，适量兑水稀释后，在韭菜地畦口，随浇地水均匀滴入，防治韭蛆。秋季临近盖膜期，选择温暖无风天气，扒开韭墩，晾晒根2～3天后，每亩用25％灭幼脲悬浮剂250毫升，兑水50～60千克，顺垄灌于韭菜根部，然后再浇一次透水，盖膜后一般不再浇水。

生物菌防蛆。日本微生物学专家比嘉照夫发明的EM液技术已广泛应用于蔬菜的有机生产。生物菌中的有益菌可将根部臭味转变成酸香味，种蝇不会在此产卵、生蛆，可将卵分解，使卵壳不能硬化而长出若虫，还可使根茎部土壤和植物所需营养调节平衡，增强植株抗虫抗病性。在韭蛆易发阶段，每亩用华通EM生物菌液1千克，拌红糖1千克，兑水10千克，在20～35℃环境中存放3～4天，冲施后可防治根蛆。

利用害虫天敌。昆虫病原线虫是多种害虫的天敌，它在田间使用后，主动搜寻寄主害虫，从害虫肛门、气孔、节间膜进入，随后释放出共生菌，使寄主害虫在24～28小时内患败血症而死亡。昆虫病原线虫贮藏在海绵内，使用时取出海绵，在水中反复挤压，并对挤压出含有线虫的母液进行释释。用时摇匀，在作物根部开沟（穴），去掉喷雾器喷嘴，按2亿条/亩的量，将线虫液灌注到作物根部，然后覆土、浇水。

此外，还可用木醋液、烟碱水剂等生物农药灌根防治韭蛆，也有较好的效果。

3. 物理防治

防虫网纱隔离。利用温室、塑料拱棚现有的骨架，覆盖防虫网可有效防止虫害。覆盖要紧密，四周密封，不能留有缝隙，防止害虫进入。

田间使用黄色黏虫板。需选波长320～680纳米的宽谱诱虫光源，诱杀半径达100米，对双翅目的蝇类可有效诱杀。在成虫期挂，白天关灯，晚上开灯，诱杀种蝇，可起到控制蛆虫为害的作用，适合规模化种植。灯光诱虫是成本最低、用工最少、效果最佳、副作用最小的物理防治方法。

用高锰酸钾1000倍液喷雾可防治多种韭菜病害。撤棚膜后，及时扣上60目以上防虫网防虫。